U0155451

中华料理·潮菜文化丛书

潮菜名菜

纪瑞喜 著

广东旅游出版社

GUANGDONG TRAVEL & TOURISM PRESS

悦读书·悦旅行·悦享人生

中国·广州

图书在版编目（CIP）数据

潮菜名菜 / 纪瑞喜著 . -- 广州 : 广东旅游出版社，
2024. 8. -- (中华料理·潮菜文化丛书). -- ISBN
978-7-5570-3358-3

Ⅰ . TS972.182.653

中国国家版本馆CIP数据核字第2024J42N77号

出 版 人：刘志松
策划编辑：陈晓芬
责任编辑：方银萍
插　　图：艾颖琛　王琪琼　刘孟欣
装帧设计：艾颖琛
责任校对：李瑞苑
责任技编：冼志良

潮菜名菜
CHAOCAI MINGCAI

出版发行：广东旅游出版社出版
（广州市荔湾区沙面北街71号首、二层）
邮　　编：510130
电　　话：020-87347732（总编室）020-87348887（销售热线）
投稿邮箱：2026542779@qq.com
印　　刷：广州市岭美文化科技有限公司
　　　　　（广州市荔湾区花地大道南海南工商贸易区A栋）
开　　本：787毫米×1092毫米　16开
字　　数：200千字
印　　张：16.75
版　　次：2024年8月第1版
印　　次：2024年8月第1次
定　　价：98.00元

编委会机构名单

一、策划组织单位

汕头市文化广电旅游体育局　汕头市侨务局　汕头市外事局

汕头市潮汕历史文化研究会　汕头市潮汕历史文化研究中心

二、顾问

学术顾问：林伦伦

顾　　问（按姓氏笔画为序）：刘艺良　陈幼南　陈绍扬　林楚钦

罗仰鹏　郭大杰　黄迨光

三、编委会

主　　任：李闻海

副 主 任：钟成泉　吴二持　杜更生

秘 书 长：杜更生（兼）

四、编写组

主　　编：纪瑞喜

副 主 编：林大川　李坚诚

编　　委（按姓氏笔画为序）：纪瑞喜　杜　奋　李坚诚　张燕忠

林大川　钟成泉　谢财喜

五、特聘人员

特聘摄影：韩荣华

特聘法务：蔡肖文

六、承办单位

汕头市岭东潮菜文化研究院

汕头市传统潮菜研究院

七、出版赞助单位和个人（排名不分先后）

广东省广播电视网络股份有限公司汕头分公司

广东蓬盛味业有限公司

广州市金成潮州酒楼饮食有限公司

新西兰潮属总会

深圳市喜利来东升酒业有限公司

泰国大华大酒店董事长陈绍扬先生

中华潮菜，人人所爱

——《中华料理·潮菜文化丛书》序

林伦伦

经过大师们一字一句的不辍努力，这套《中华料理·潮菜文化丛书》前5册稿子终于杀青了。丛书主编纪总瑞喜兄让我为丛书作个序言。我跟纪总可以算是老朋友了，20多年前我还在汕头大学工作的时候，就曾经帮纪总策划印行过一本当时比较时尚、文化味较浓的建业酒家菜谱，从此就没少来往。老朋友有请，我却之不恭，就只好以"吃货"冒充美食家，把大半辈子吃潮菜的体会写出来，充数作为序言。

我以前曾经认真拜读、学习过钟成泉大师的"潮菜三部曲"——《饮和食德：潮菜的传承与坚持》《饮和食德：老店老铺》《潮菜心解》和张新民大师的"潮菜姊妹篇"——《潮菜天下》及其续篇《煮海笔记》等大作，现在又阅读了钟成泉、纪瑞喜、林大川等潮菜大师的几本书稿，加上我是年近古稀的资深吃货一枚，经过60多年吃潮菜的"浸入式"实践和近十年来有一搭没一搭的"碎片化"思考，也终于对潮菜有了一定的心得体会。我曾经写过若干篇关于潮菜美食的小文章，如《在老汕头的转角遇见美食》《季节的味道》等，但要像上面提到的各位大师一样系统性地写成著作，我还没有这个能耐和胆量。现在，我就把这些"碎片化"的读书心得和美食体会先写出来，希望对大家阅读《中华料理·潮菜文化丛书》有帮助，就像吃正餐之前先吃个开胃小菜吧。

潮菜为外人所称道的特点之一是味道之清淡鲜美，讲究个"原汁原味"，我这里小结为"不鲜不食"。

味道的鲜美主要靠的是食材的生猛。潮汕人靠海吃海，潮汕是个滨海地区，海岸线长，盛产海产品。品种多样的海鲜，是潮汕滨海居民最原始的食材。南澳岛上的考古发现，8000多年前的新石器时代早期，属于南岛语系的土著居民就已经懂得打磨细小石器来刮、撬牡蛎等贝壳类水产品了。6000—3000年前新石器时代中晚期的贝丘遗址，土著居民吃过的贝壳类海产的壳已经堆积成丘，成为"贝丘遗址"了。等到韩愈在唐代元和十四年（819年）因谏迎佛骨被贬南下任潮州刺史，写下《初南食贻元十八协律》诗，把第一次吃离奇古怪、丑陋可怕的海产品时吃出一身冷汗的深刻印象描写给了一位叫"元十八"的朋友，已经是年代很晚的时候了，而且食材已经是经过烹饪，且懂得用配料相佐了："我来御魑魅，自宜味南烹。调以咸与酸，荐以椒与橙。"

　　当然，我们不应该把粤东滨海地区土著居民的渔猎生活和食材当成潮菜的源流，但是，潮汕人吃海鲜至今还是保留近于"茹毛饮血"式的原汁原味，现如今闻名遐迩的"潮汕毒药"——生腌海鲜（螃蟹、虾、虾蛄），其味道鲜美至极，非一般烹饪过的海鲜所能比匹。"毒药"之戏称，意思是指像鸦片等一样，一吃就会上瘾。用开水烫一烫就装碟上桌、半生不熟、鲜血淋漓的血蚶，外地人掰开一看，大多数会像韩文公一样望而生畏，硬着头皮试一只，肯定是"咀吞面汗骈"；而潮汕人春节年夜饭的菜单上，这血蚶是必列的菜肴。蚶的壳儿潮语叫

"蚶壳钱"，保留了史前时代以"贝"为币的古老习俗。吃了蚶，既补血，又有"钱"了，多好！

鱼饭也是一种原生态的"野蛮"吃法，巴鳞、鲇鱼等海鲜就在出海捕捞的渔船上，用铁锅和水一煮，在船板上晾一晾就吃，一起煮的可能还有同一网打起来的虾和蟹，多种味道释放、汇合，其味更佳。上水即吃，原汁原味，此味只应海上有。现在高档酒家里的冻红蟹，一只好几百元，甚至上千元，即源于这种原始的食法。有些地方，也仿效"鱼饭"之名，称作"蟹饭""虾饭"等。

潮菜"不鲜不食"的特点，建立在与天时地利的自然融合上，其秘诀一是"非时不食"，一是"非地不食"。

所谓的"非时不食"，讲究的是食材的"当时"（当令）。潮菜食材讲究天时之美，也就是食材的季节性，我把它叫作"季节的味道"。这季节的味道，首先体现在食材选择的节令要求上，简单说就是"当时"（当令）或者"合时序（su²）"，无论是海鲜还是蔬菜。

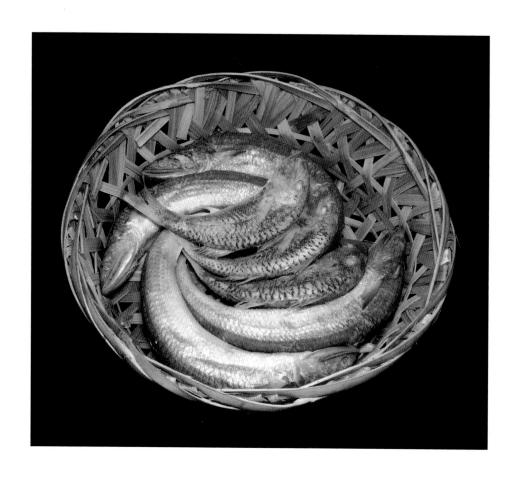

　　民间流传有潮语《十二月鱼名歌》（《南澳鱼名歌》），说明了海鲜在哪一个月吃最鲜美。歌谣云：

正月带鱼来看灯，二月春只假金龙，

三月黄只遍身肉，四月巴浪身无鳞，

五月好鱼马鲛鲳，六月沙尖上战场，

七月赤鬃穿红袄，八月红鱼作新娘，

九月赤蟹一肚膏，十月冬蟒脚无毛，

十一月墨斗放烟幕，十二月龙虾擎战刀。

你可以从这首歌谣中知道农历哪个月吃哪种鱼最当令。此外还有"寒乌热鲈"（冬吃鲻鱼，夏吃鲈鱼）、"六月鲫鱼存支刺"（言六月的鲫鱼不肥美，不好吃）、"六月乌鱼存个嘴，苦瓜上市鳓鱼肥""六月薄壳——假大头""六月薄壳米，食了唔甘漱齿（刷牙）""夜昏东，眠起北，赤鬃鱼，鲜薄壳""年夜尖头冬节乌"等谚语，说明了各种海产品"当时"（当令）的季节。

蔬菜、水果的时令就更加明显了：春夏之交吃竹笋，大夏天里是瓜果菱角，秋日里最香的是芋头，最甜的是林檎，冬春之交最有名的是潮汕特有的大（芥）菜和白萝卜。潮汕谚语云："正月团婿，二月韭菜""清明食叶，端午食药""（农历）三四（月）枇杷梅，五六（月）煠（sah^8，煮）草粿""三四桃李柰，七八油柑柿""五月荔枝树尾红，六月蕹菜存个空（kang^1）"（农历五月荔枝熟了，但通心菜却不当令）、"七月七，多哖（山捻子）乌，龙眼呡（水果成熟而壳儿裂开）""九月蕹菜蕊，食赢鲜鸡腿""霜降，橄榄落瓮""立冬蔗，食荟病痛"等，也都与季节的味道有关，简直就是食材采食时间表。

所以啊，懂行的话，你到潮汕来追鲜寻味，来个美食之旅，就得结合你来的季节、时令来点海鲜和蔬菜瓜果，一定要避免点不对时令的鱼、菜。美食行家把这叫"不时不食"。现在的大棚菜，反季节、违时令的菜也能种出来，人工养殖的鱼也可以反季节饲养，但是味道就是没有自然生长、当令的那么好了。

对海产品食材"鲜"的要求，还跟潮汐有关。高档的潮菜酒楼采购海鲜食材会精确到"时"，讲究"就流"（lao^5，劳）。

"就流"鱼就是刚好赶潮流捕回来的鱼，"骨灰级"的吃货是自己直接到码头等着买"就流"的海货回家，现买现做现吃。过去的海鲜小贩有"走鱼鲜""走薄壳"的说法。"走"就是跑，从靠渔船的码头"退"（批发）到海鲜，赶快往市场跑，谁的海鲜先到达菜市场，谁的海鲜就能卖个好价钱，因为是最新鲜的嘛，潮汕人讲究的就是"就流"这口"鲜甜"！我在南澳岛后宅镇还目睹过夜晚八九点到凌晨一两点钟的"就流"海鲜夜市，一筐头一筐头的海鲜摆满了夜市，购买者人头攒动，各自选择自己爱吃的鱼、虾、蟹等，好不热闹，听说这里面还不缺从汕头市区专车赶来的高级别吃货。

其实，对植物、动物类的食材也有这种"时"的讲究，例如挖竹笋要讲究在露水未开之前，而食用则是最好不要过夜（即使放进冰箱也不行）；新鲜的玉米也是当天"拗"（ao^2，折断），当天吃，过夜不食。而火遍全国的潮汕牛肉火锅的牛肉，是在N小时内配送到店，有喜欢显摆的食客还拍到牛肉在"颤抖"的视频。所以，不少牛肉火锅店就开在离屠宰场不远的地方，讲究的就是尽量缩短牛肉配送的路程，以保持牛肉的鲜活度。

所谓的"非地不食"，讲究的是食材的原产地，我把它叫作"地理的味道"，或曰"家乡的味道"，这是指潮菜食材的地域性。潮汕各地山川形胜有所不同，民俗也有一些差异，此所谓"十里不同风，百里不同俗"。就是小吃，也是各有特色，潮州的鸭母捻、春卷、腐乳饼，揭阳的乒乓粿、笋粿，惠来的靖海豆楫、隆江猪脚，普宁的炸豆干、豆瓣酱，潮安凤凰山的栀粽、鸡肠粉（畲鹅粉），澄海的猪头粽、双拼粽球、卤鹅，汕头的西天巷蚝烙、老妈宫粽球（粽子）、新兴街炒糕粿、老潮兴粿品、百年银屏蚝烙……说不完，尝不尽。而考究的潮菜馆，对食材的要求也必须有空间感及品牌意识：卤鹅一定要澄海的，豆瓣酱要普宁的，芥蓝菜要潮州府城的，大芥菜（包括其腌制品"咸菜"）要澄海的，炸豆腐要普宁或者潮安凤凰山的、紫菜要南澳、澄海莱芜、饶平三百门的，鱿鱼要南澳的（宅鱿）……潮汕人吃海鲜，时间上讲究"就流"，而在空间上，讲究的是"本港"，就是本地出产的。在南澳岛，我曾经去市场买菜，才知道"本港鱿"和"白饶仔"（一种白色的牙签大小的小鱼儿）的价格是外地同类海产品的两倍以上，想买都不一定买得到，因为季节不对就断货了，市面上卖的都是外地来的。

潮人对食材出产地理的重视意识起源较早，而且基本达成共识，民间把它编成了"潮汕特产歌"来传唱。下面摘录一段，与大家分享。这类歌谣，各地版本都有所不同，大致唱自己家乡的，都会多编一些，谁不说俺家乡好呢！

揭阳出名芳豉油，南澳出名本港鱿；

凤湖出名青橄榄，南澳出名甜石榴；

南澳出名老冬蛴，地都出名大赤蟹；

葵潭出名大菠萝，澄海出名好卤鹅；

海门出名大红螺，月浦出名狮头鹅；

海山出名大虾插，溪口出名甜杨桃；

邹堂出名青皮梨，石狗坑出乌梨畔；

府城出名鸭母捻，梅林出名大红柿；

下湖出名好荔枝，达濠出名鲜鱼丸；

樟林出名大林檎，隆都出名甜米粢；

凤凰出名单丛茶，内陇出名酥杨梅；

石马出名石马柰，东湖出名大西瓜；

……

潮菜的第二个特点是精心烹饪。文学家者流喜欢夸张地说潮菜烹饪大师们善于"化腐朽为神奇"。说"腐朽"过头了，说"普通"或者"一般"比较接近事实。潮菜的食材除了高档的燕窝、鱼翅、鲍鱼、海螺、海参、鱼胶、大龙虾等之外，其他菜品的食材多数是来自普通的海鲜、禽畜和蔬果。再简单不过的食材，也能花样翻新，做出色香味俱佳的菜肴来。我曾经在中央电视台的美食比赛节目里看到过，一位参加比赛的澄海大哥，获奖的一道汤叫"龙舌凤尾汤"。名称可是令人遐想顿生的、上得了厅堂的雅致；食材呢，不过就是几条剥壳留尾的明虾，加上几片切得薄薄的、椭圆形的、口感爽脆的菜脯（萝卜干）而已，成本也就在比赛规则限制的30元之内。看这个节目的时候，我就想起来著名文学家梁实秋先生写的跟随澄海籍的著名学者黄际遇教授在青岛大学（山东大学前身）吃潮菜时也谈到了的吃虾的情节。

黄际遇先生是个数学家，曾经留学日本、美国，也是一位国学根底深厚的学者，可以在中文系开讲"古典诗词和骈文"，在历史系开讲"魏晋南北朝史"。他也是个美食家，饮食考究，在青岛教书时还专门"从潮州（澄海）带来厨役一名专理他的膳食"。梁实秋跟着吃了，赞不绝口："一道一道的海味都鲜美异常，其中有一碗白水氽虾，十来只明虾去头去壳留尾巴，滚水中一烫，经适当的火候上锅，肉是白的尾是红的。蘸酱油食之，脆嫩无比。"后来梁实秋到了台湾，想起要吃这道菜，就叫家里的厨子做了，就是没吃出青岛时的味道来。我想，有可能是虾选得不够新鲜、不是"就流"的，要不就是火候掌握不好，也许是煮老了。哈哈！

潮菜的"化普通为神奇"，其实源于千家万户的"主中馈"者（家庭主妇们）自觉不自觉的创新和创造。米谷主粮不够吃的年份，番薯几乎成了主食。主妇们愣是用多种烹饪方法，轮流使用，把番薯也做得香甜可口，久吃不厌。整个"燘（hib⁴，焖煮）"着吃，烤（煨）着吃，切片"搭"（贴在铁锅上）着吃，加米煮（番薯粥）着吃。如果家里有糖的话，糕烧或者做反砂薯块吃，那可是顶流吃法了，现在这两样都成了餐馆里顾客爱吃的最后甜点了。番薯还可以搓成丝儿煮粥，磨成泥提炼淀粉然后做蚝烙（牡蛎煎），做成小小的丸子可以煮糖水，家里有谁感冒发烧之后肠胃不好就煮着吃；还能做成番薯粉丝，我老家农村里叫"方（bang¹）签"，逢节日时才煮来吃的，如果有鸡蛋、白菜，甚至五花肉、爆猪皮，那就是无论男女老少、人见人爱的佳肴了，类似于东北人都爱吃的东北菜——"乱炖"吧！至于驰名大江南北的"护国菜羹"，不过就是红薯叶泥和高汤做的一碗羹。当然了，给它配上一个精彩的历史故事使它有了文化内涵也很重要。

我们还可以举煮粥的例子，大米全国哪里没有？谁家没有？但是把煮粥做成餐饮行业的一个可以单独开店、营业额比一般菜馆还多的门类，也就只有潮汕人能煮得出来了。我在西北的敦煌、东北的哈尔滨，居然都能吃到潮汕砂锅粥，真是服了在那里开店的老乡们了！

潮汕话把粥叫作"糜"（muê⁵）。糜的种类很多，除了白糜之外，有各种各样的"芳糜"：猪肉糜、朥粕糜、鱼糜、蟹糜、虾糜……鱼糜则还有"横鱼（豆腐鱼、九肚鱼）糜""鱿鱼糜""鲳鱼糜""草鱼糜"等；还有素食类的秫（zug⁸）米糜、小米糜、大麦糜、番薯糜等。

"煮白糜"听起来好像最简单，但要煮好一锅让潮汕人认可的"糜"着实很不容易，首先是煮粥的米和水大有讲究，最好是东北的珍珠米和矿泉水；二是煮的方法上的门道，这锅"糜"里的米粒必须"外软里硬、米汤黏稠而米心有核

儿"；三是"糜"从煮熟到开吃的时间也要讲究，要"唔迟唔早啱啱好"（不迟不早刚刚好）。我常在外出差，不管是汽车站、高铁站，还是机场，离家的车程大约都在半个小时至一个小时之间，上了出租车就给守家的太太打个电话报平安："我回来啦！"其实是给她递个信号："请淘米下锅，煮糜啦！"太太习惯了我的这种"委婉语"，砂锅白糜大概20分钟煮好，让它"泪（ge²）"10分钟正好吃：一是温度适口、不烫不凉；二是稠度适中、有饮（am²）而黏。我往往是行李箱一放下，连手都来不及洗，就美美地享受起"一日不见，如隔三秋"的永远的初恋——白糜。

我曾经听东海酒家钟大师成泉兄介绍过他如何花样翻新、将普通的"楻鱼"（doin⁶ he⁵，澄海叫"蛇鱼"，广州叫"九肚鱼"，江浙叫"豆腐鱼"，学名"龙头鱼"）除了做成"楻鱼咸菜汤""楻鱼糜""炸楻鱼""楻鱼煲"之外，还把它烹制成蒜香楻鱼、铁板烧楻鱼、椒盐楻鱼、菠萝楻鱼、楻鱼丝瓜烙、楻鱼煮咸面线/粉丝/粿条……用成泉兄的话说，就是"你的用心，让豆腐鱼也翻身"。楻鱼本来是比较便宜的家常菜食材，成泉兄却能够用心研究，把它烹调成为席上美味佳肴。"用心"是关键词，道出了潮菜的另外一个突出特点——精心烹饪。

其实做什么事都是一个样：喜欢了，才会对其"用心"；"用心"了，才会有所发现、有所创造。这是一个带有哲学性的普世规律，不仅仅适用于饮食行业。

至于潮菜酒店里的高档潮菜，不但食材昂贵，烹饪技法高超，而且是各家名店"八仙过海，各显神通"，各有擅长，普通家庭是做不来的。几乎每一位潮菜大师都有自己的独家绝活和看家名菜。我就曾经听好几位香港朋友说，到汕头来，就要去吃东海酒家的"烧鲟

螺"，那可是钟大师成泉兄的拿手绝活。而纪大师瑞喜兄最拿手的应该是鱼胶的制作与烹饪，林大师大川兄则是以制作和烹饪大鲍鱼驰名。

其实，潮菜本来是千家万户潮汕人的家常菜。天天做潮菜、吃潮菜是潮汕人的一种日常生活方式，本地人幸福感爆棚，外地人羡慕不已。但也有一个毛病，就是潮汕人到外地去，总觉得吃不好：不是嫌口味太重了，就是怪食材不新鲜，或者烹饪不得法。潮汕本地的潮菜馆里有点小贵、北上广深港等大城市酒楼里价格颇高的潮菜，是潮菜的另外一种面目——高档潮菜。其食材高档且经精挑细选，汇集各地应时食材，并经名厨大师主理烹饪；高档的潮菜馆通常也都装修雅致、服务周到。这是商业型的潮菜，价格高也是物有所值。

这套丛书第一批共有5本，其中三本——钟成泉的《潮菜名厨》、纪瑞喜的《潮菜名菜》、林大川的《潮菜名店》是三位大师的经验之作，我估计他们是分工合作，分别从厨师、菜式和菜馆三个方面对潮菜的总体面目做个介绍，给读者一个比较全面的印象。

《潮菜名厨》的作者是钟成泉大师。钟大师是1971年汕头市首期厨师培训班的学员，从著名的厨师，到自己创业，半个世纪过去，这中间他换了很多单位，也经过了很多名师名厨的指点，也与自己的师友多有交流，可谓经历丰富，转益多师。在这本《潮菜名厨》里，有他的培训班的老师，也有培训班的同学，还有他工作过的各家餐室、酒家的潮菜师傅：罗荣元、陈子欣、蔡和若、李锦孝、柯裕镇、林木坤等。他写的不仅仅是潮菜名师，其实也是半部潮菜发展史。钟大师大著的特点是资料很珍贵，文字很"成泉"，别的人写不出来。我见过他的初稿，那是他一笔一画写在手机上的，真的是"第一手"资料！

《潮菜名菜》的作者是本套丛书的主编纪大师瑞喜兄。1983年，高中毕业的纪瑞喜到汕头技工学校厨师班学习烹饪技艺，后来到当时很著名的国际大酒店工作，一边工作一边偷师学习潮菜烹饪和酒店管理。后来，他辞职出来与朋友合伙办饭店。1994年，他创办了自己的建业酒家。在汕头，龙湖沟畔的建业酒家几乎无人不知。纪大师瑞喜兄爱思考，爱琢磨，对40年来的潮菜烹饪和30年来建业酒家的经营管理有一套成熟的经验。这本《潮菜名菜》介绍的就是他自己琢磨出来的几十个名菜。如果您家庭生活费已经实现开销自由，可以到潮菜酒家照书点菜，尝一尝、品一品；如果生活费还需加严格管控，也可以把这书当菜谱，回家依样画葫芦，自个儿买来食材，学习做菜。

　　《潮菜名店》的作者是林大师大川兄，他是"岭东潮菜文化研究院"的院长。大川兄经营酒家几十年了，年轻时从家乡澄海学厨艺、当厨师、办酒家开始，后来去了泰国普吉岛等地办潮菜馆。他走遍中国港澳地区和东南亚各国，见识了世界各国、各地的潮菜（中国菜）馆。最后又回到了原点——汕头来经营潮菜酒家。他一边经营着酒店，一边整理记录着往日见过的那些有特色的各国、各地的潮菜酒家，就成为现在这本《潮菜名店》了。有机会的话，读者可以按图索骥，去这些酒家尝一尝，看看大川兄所记录的是否属实。当然，相信有些好菜馆大川兄可能还未及亲自去品尝、考察过，遗珠之憾，一定会有，有待大川兄今后进一步补遗拾缺。

《工夫茶》的作者张大师燕忠兄是汕头市潮汕工夫茶研究所所长，2010年从华南农业大学茶学专业硕士毕业后，就一直从事工夫茶的经营和研究工作，至今也10多年了，是工夫茶界的后起之秀。由他来写《工夫茶》一书，是最合适的了。为什么潮菜丛书里会有一本工夫茶的书呢？这就要从潮菜与工夫茶的关系谈起了。潮汕人"食桌"（吃宴席），上桌前先喝足工夫茶，可以看作是"开胃茶"；席间还得穿插上两三道工夫茶，是为解腻助餐；酒足饭饱之后，还要再换上一泡新茶叶，喝上三巡再撤，是为消饮保健。所以，中档以上的潮州菜馆，每一间包厢里都布置了工夫茶座。

《潮菜文艺》的作者是杜奋。小杜是中文系硕士，长于网络搜索技术及文字书写。从韩愈的《初南食贻元十八协律》算起，跟潮菜有关系的诗文、书画如韩江里的鱼虾，很多很多。文艺范的食客吃了潮菜，赞不绝口，大都会留下诗文或书画，一抒胸臆。把这些诗文、书画"淘"出来，并不容易，幸亏小杜的网络技术了得，才使这些赋予潮菜文化品位的宝贝得以集中起来，与读者见面。读者可以一边品赏潮菜，一边翻阅这本书，看看名家是如何品评潮菜的，与你的"食后感"是否一样。

潮菜，是我一辈子的挚爱！美食家蔡澜用潮语"抉舌"俩字赞美潮菜，是说潮菜被人"呵啰（夸奖）到抉舌"，是啧啧称赞的意思。我也是一样，说起潮菜来，便喋喋不休，一不小心就写了七八千字。我自己还曾经受邀担任过一套潮菜全书的编委会主任，想为潮菜文化做点事，但由于协调能力有限、力不从心，遂致半途而废。现在的这套潮菜丛书的编委会主任李总裁闻海兄才高八斗，且人脉广泛、江湖地位高，其尺八一吹，应者云集。丛书作者们在他的领导和敦促下，日以继夜，终于成稿。自己未尽的心愿，终于有人完成，我当然乐见其成。遂作此文，以为祝贺！

是为序。

甲辰酷暑于花城南村

做好好吃的潮菜
好料好工好味道

扫码关注 结缘研究潮菜

目录

序

潮菜是一个"后来者居上"的地方菜，它似乎不在中国八大菜系、十大菜系之中，在当今，它的名气却很大，由于改革开放中国南方率先走上经济发展的快车道，促使潮菜受到追捧。"有海水的地方就有潮汕人"！潮汕虽然在大陆偏居一隅，潮汕人却很早就走向五湖四海，潮菜跟随潮人传播到海内外。

另一方面，在书架上，潮菜"专著"却寥寥无几，与潮菜在饮食界的地位似不匹配。究其原因，烹饪或者说中式烹饪，尤其是潮菜烹饪，注重实操经验，在潮汕，说起怎么吃，似乎人人都能说上个道道来，什么炒芥蓝要"厚朥猛火芳腥汤"，什么季节吃什么菜、吃什么鱼，很讲究。但是要写出来就不容易了，比如潮菜中最家常的菜"烙菜脯卵"，做起来容易，写起来难！多少菜脯，配几个鸡蛋？什么品质的菜脯最适合"烙菜脯卵"？菜脯切粒的大小规格是怎样的？使用什么油？烙的时候放多少油？用什么火候？烙到什么程度最好？这是最简单的菜，更遑论烹饪环节复杂的菜了，大家都愿意做而不愿意写，大概就是这个道理。

潮菜是国家级非物质文化遗产，是极活跃、与时俱进的遗产，要传承、传播、交流切磋，只有实操而没有文字记录是不行的。有责任心、有担当的当代潮菜师傅、潮菜非遗传承人，必须硬着头皮，让掌勺的手提起笔来写，总要留点什么吧。

我们欣喜地迎来这本不同以往的潮菜书籍。

由名厨写的名菜，有什么特点？

首先是名厨对传统潮菜的传承。

其次是名厨以几十年做菜的经验，对大家熟知的名菜多有点睛之笔，让潮菜有了鲜明的个性。同样的食材经由不同厨师之手，出菜有很大差别，很多微妙之处在于厨师对味的形成逻辑的理解与操作。

再次，它不局限于个人的经验，而是在实践中思考，借鉴中国古今名家对饮食的经验，从中汲取养分，同时也分享给读者。

由管理者写的名菜，有什么特点？

它不同于美食家、文化名人写的名菜，更多地去渲染对菜的体验，而是满满干货，实打实地告诉读者，菜是如何做出来的。它照顾学习者的需求，回答了"如何做"这个关键问题。

由经营者写的名菜，有什么特点？

它关照食客的需求，比如如何安排好一桌适宜的潮菜，把点菜的学问分享给读者。读这本书，即使不会做菜，也会点菜，会吃好潮菜！

在这本书中，纪瑞喜大师的"三合一"优势显而易见。

本书呈现70道潮菜菜品，形成"一桌菜"。按潮菜菜单组合形式，从乡村到城市、从小聚到宴请、从民俗到大型宴会，一桌菜可由四菜一汤、8道菜、10道菜、12道菜、14道菜……直到24道菜组成。每1桌菜6大类依照出菜顺序：1.冷菜；2.主菜；3.风味菜；4.素菜；5.小吃；6.甜品。每一桌为10道菜则其中1—2道冷菜、1道主菜、3—5道风味菜、1道素菜、1道小吃、1道甜品；10道菜以上可以是2道甜品（第1个和最后1个）、2道冷菜、1道主菜、1—2道汤、3—5道风味菜、1道素菜、1道小吃……这些都可以在本书找到组合。

本书每一道菜都从配方、工艺、烹法、特点、性味功效营养、心得等方面以较为朴实的方式表达，让业内朋友一看即懂。但很难用文字表达清楚的是技术，历来工艺可以传承，技术难以传承，只能靠手把手教、用心来感悟才能掌握。这有待面对面沟通，例如在烹制菜式中用到蒜头，而蒜头在加热过程中什么阶段呈现什么香味是时时在变的，抓住味道的时机稍纵即逝，不同厨师出菜的微妙差异恰恰体现在这样的细节。

本书又在每章节中收录古今名著对火候、五味、盐、糖、酒、醋的运用和彼此相生相克的名言名句，供读者综合体验其中的中华烹饪和潮菜精髓，并触类旁通去感知"高处不胜寒""专造房子备小寒"，去深化行业造诣。

正如书中末尾所附的菜名一样，潮汕名菜千千万，本书所写出来的名菜仅是沧海一粟，抛砖引玉。

广东烹饪协会会长 赵利平

特别说明

1.食材"性味功效营养"的数据由饶毅萍老师采集并梳理而成。性味功效说明主要来源于"别有病官网（ByB.cn）"。营养成分说明主要来源于"食品安全信息查询平台——食安通（食品安全网）"。仅供参考。

2.菜品编写体例——配方、工艺、口味、佐料、特点、造型、心得等由纪瑞喜老师、陈少龙师傅、纪静虹老师、李坚诚老师、朱东湖师傅、陈桂华师傅、赵怀权老师共同研究确定。

百载
逸生

艺潮扬宏

建业酒家雅存

庄世平 九十年
丑月

头业汕建美厨食艺在在

澹味十足

紀緫指正 壬辰春初 林倫

烹道

硯峰之

人無癖不可與交以其無深情也人無疵不可與交以其無真氣也

錄張岱初止洋癖 戊戌春陳平原

第一章 冷菜

传统叫冷盘，港澳叫打冷，由小菜、前菜构成。小菜也叫小碟、围碟，可选用杂咸、生腌、蜜饯、零食，用风味菜品缩小版也行。形式上可上2碟、4碟、8碟，甚至在粥宴上可上100碟叫"百鸟归巢宴"。上4碟、8碟、16碟可讲究二咸、二甜、二干、二湿、二荤、二素、二清、二浓、二淡、二辛麻辣酸……小菜可多到您"目花"。前菜可用鸡鸭鹅、猪牛羊，海河溪池塘水产，所有潮汕食材，可集合大潮汕古今的食法，应有尽有！更为特别的是佐料，虽是成品还老用佐料，为何呢？就是让菜品更加"抢嘴"，味道变出，风味更明显。这就是为什么很多外地朋友来潮汕食用潮菜，生活一段时间，便说潮菜太养我了……

小菜

老香黄

老香黄也称为"老香橼"，是潮汕著名的凉果，由芸香科柑橘属植物佛手果采用凉果的制作方式制作而成。因其越老功效越好，故一般叫"老香黄"。口感绵糯，味道甘甜，有开胃去腻消食功效，深受潮汕人的喜爱。

配方

鲜佛手果50千克、陈皮150克、豆蔻150克、砂仁150克、丁香50克、甘草150克、盐15千克、红糖24千克、白糖6千克，纯净水25千克、酸梅汤1.5千克。

工艺

1. 流程：破果——第一次晒果——腌果——第二次晒果——漂果——蒸果——渍果——第三次晒果——陈果，全过程共9个工序。

2. 破果、晒果、腌果。把佛手果洗净用刺钉锤敲破果身，将果皮已破的佛手果放在干净地面上晒一天，注意勿暴晒，再放入大缸底层，取28斤盐一层果一层盐分层次直至装完，压上粗竹篾片加石头在上面，陈放一年，这期间要多次检查，让果身跟盐接触后渗透而脱水，渐渐让水分淹没过果面为佳。这样就可以一个月只检查一次直至一年满。

3. 晒果、漂果、蒸果。把腌渍好的佛手果捞上放在干净地面上暴晒至表面盐分析出，进行漂水至淡透，蒸2小时待用。

4. 炒香料。将陈皮、砂仁、豆蔻、甘草、丁香洗净炒香磨粉过筛，取粉待用。

5. 制卤、渍果。红糖24千克、白糖6千克、盐1千克加入25千克纯净水慢火熬剩50千克，凉透加入已加工好的香料粉和匀，再加入酸梅汤及已蒸好的熟果压进卤汁里4个月，再捞出晾干，就成老香黄。

烹法

煅、蒸。

味型

酸甘芳香。

芳香气朴、和胃消食。

○ 性味功效营养

佛手果性温，味辛、苦，具有理气和中、疏肝止咳的作用。每100克佛手果中含能量77千焦、蛋白质1.2克、脂肪0.1克、碳水化合物3.8克、不溶性膳食纤维1.2克、钠1毫克。

陈皮性温，味辛、苦，具有理气健脾调中、燥湿化痰、利水通便的功效。每100克陈皮中含能量1163千焦、蛋白质8.0克、脂肪1.4克、碳水化合物79.0克、不溶性膳食纤维20.7克、钠21毫克。

✎ 心得

老香黄也称佛手果，有甜、咸之分。甜的可做零食，泡水，佐餐，居家必备，越陈越好越有价值；咸的更有药用价值，有很好的保健作用，其功效可视针对什么需求而调整配方。

芋泥葱饼

配方

成品芋泥2.5千克、肥膘肉500克、冬瓜册500克、白芝麻500克、熟糕粉30克、白糖500克、盐5克、青葱250克、猪油250克、水400克。

工艺

1. 将白膘肉切成0.8厘米见方，用白糖拌匀腌制24小时待用。

2. 将冬瓜册切成0.5厘米。

3. 将葱切成7厘米长，用120℃猪油炸透至浅金黄色。

4. 白芝麻洗净炒至赭黄色。

5. 和馅，将以上加工好、除熟糕粉外的半成品加在一起，开成料城、中间放入50克熟糕粉缓慢分次加入水推至糊状，再拌入料至均匀，静置2小时便成饼主馅，也叫水晶。

6. 用40厘米×60厘米的长方盘，扫上薄猪油、撒上15克糕粉、铺上芋泥、摊平铺上水晶，把水晶中的葱条散贴在水晶面上再撒上糕粉，放入烤箱中上火180℃、底火200℃烤40分钟即成，待凉透再切成合适的小块摆盘。

⚫ 烹法

烤。

◇ 味型

甜香。

☆ 特点

外酥里软，葱香十足。

⚪ 性味功效营养

芋头性平，味辛、甘、咸，具有益胃、宽肠、通便、解毒、化痰的功效。每100克芋头中含能量251千焦、蛋白质2.9克、脂肪0.1克、碳水化合物13.0克、不溶性膳食纤维0.3克、钠1毫克。

✎ 心得

本品是潮汕传统名饼食之一，传统老饼家师傅做水晶馅加工水晶朥饼，因余馅料，师傅为过程完美不存下料，便创作出以粉为皮铺垫上下，再加重葱油的"夹心饼食"，一试即成为葱饼。笔者回忆起20世纪70年代中期，汕头地方国营罐头厂生产的芋泥罐头，在加工芋泥起锅前锅底留下锅巴，那种滋味是无法用文字来形容的"好食"，故凭着记忆尝试加五成厚的芋泥在饼底部，做出当年的感觉给大家体验体验！

腌咸虾蛄

每年春季是虾蛄产卵的季节，此时食用为最佳，其在中国及日本沿海、菲律宾、马来半岛、夏威夷群岛均有分布。

配方

活虾蛄2只约500克、味极鲜400克、鱼露100克、精盐10克、蒜头肉50克、红辣椒15克、芫荽10克、花椒2克。

工艺

1. 先将蒜头用刀拍破，红辣椒和花椒也一样拍破，然后加入芫荽、味极鲜、鱼露拌匀成为卤汁。

2. 用冰水把虾蛄洗干净加入精盐腌，30分钟后滗干水分，放入调好的卤汁里浸泡6小时。将浸泡好的虾蛄捞出后，剪去须和爪，然后用保鲜膜把每一只虾蛄都包起来，上菜时将其切成段，配上卤汤即可。

烹法

生腌。

◇ 味型

酱鲜味。

◇ 性味功效营养

　　虾蛄性温、味甘，有补肾、通乳、脱毒之功效。每100克虾蛄中含能量410千焦、蛋白质19.2克、脂肪1.7克、胆固醇150毫克、碳水化合物0.2克、钠310毫克。

✎ 心得

　　过去生腌是专腌来配糜（粥）用，而现在是用来配酒或当主餐配餐用，盐度要大大减下来，建议比日常食用的食品盐度多一倍就可以了。

咸膏蟹

膏蟹在中国广东、广西、福建、台湾、浙江、上海、江苏等沿海地区均有分布，每年以8—10月最为肥美。

配方

膏蟹2只（约净800克）、南姜100克、蒜头肉150克、芫荽头100克、红辣椒50克、加饭酒2千克、味极鲜1.2千克、花椒50克、桂皮5克、八角5克。

工艺

1.将膏蟹放到零下冻库冻30分钟使其处于晕死状态。

2.将冻晕死的膏蟹去掉绳子后用冰水洗刷干净滗干水分，加入加饭酒醉3.5小时捞起待用。

3.将花椒、桂皮和八角炒干炒香，蒜头、南姜和芫荽头捣碎加入味极鲜，调成卤汁，将膏蟹放在卤汁中腌24小时捞起，每只用保鲜膜包装起来放入—18℃速冻便成。

🔥 烹法

生腌。

◇ 味型

酱鲜甘香。

💧 性味功效营养

膏蟹性寒，味咸，具有舒筋理气、和胃消食、通筋络、散诸热、清热、滋阴的功效。每100克膏蟹中含能量335千焦、蛋白质14.6克、脂肪1.6克、胆固醇119毫克、碳水化合物1.7克、钠193毫克。

✎ 心得

食用时剥开外壳去掉蟹肺，带冻斩件装盘，"冰淇淋咸膏蟹"就成功了，先从尾小脚开始，由后及前一块一块往大鳌慢慢品尝，最后再舔一口膏蟹壳，感受品尝生腌全过程的仪式感所带来的真味……别忘了每一口都蘸上潮汕辣椒酱加白醋，更是回味无穷……

沙茶猪肉

配方

猪里脊肉（带背筋）500克、猪肚肉（五花肉）500克、沙茶150克、鱼露50克、白糖50克、调和油1千克、清水1.5千克、盐2克。

工艺

1. 将猪肚肉切成5等份，猪里脊肉切成5等份，清水煮开放入猪肚肉，中火煮40分钟后捞出，汤里再加入里脊肉，烧开用中慢火煮40分钟，至汤存少量捞出待凉透，切成1.2厘米见方肉丁待用。

2. 把调和油加热至180℃放入肉丁炸1分钟，沥干油分，将原油返回锅，加入150克开水，开稀的沙茶酱慢煮并加入肉丁、白糖，慢慢搅拌炒至看出油与酱开始分离时即可。

烹法

煮，炸，煨。

味型

酱香型。

⊗ 特点

香弹甘醇、满口留香。

○ 性味功效营养

猪里脊肉性平、味甘咸，具有补虚强身、滋阴润燥等作用。每100克猪里脊肉中含能量649千焦、蛋白质20.2克、脂肪7.9克、胆固醇55毫克、碳水化合物0.7克、钠43毫克。

⁄ 心得

小时候有一碟沙茶猪肉几乎是整餐饭的主题曲了，沙茶猪肉是20世纪60至70年代地方国营汕头罐头厂的拳头产品，出口和内销的都是一流产品。记得读技校跟师傅学技艺时，我师傅常常说顺口溜："做沙茶猪肉，配酒勿太甜，配饭咸滴仔（"滴仔"即"一点"），爱多食二粒的就甜滴仔，潮菜小菜道道有特点。"沙茶猪肉佐酒、拌饭、拌面，甚至当作零食，其独特风味令人难忘。

猪头粽

配方

猪头皮30千克、肉皮6千克、猪手6千克、猪脚6千克、桂皮30克、八角15克、草果20克、花椒50克、甘草20克、川干辣椒50克、胡椒粉300克、南姜1千克、干葱1.2千克、生油1.5千克、糖500克、盐500克、生油500克、泸州大曲酒200克、水75千克。

工艺

1. 把猪头皮、肉皮、猪手、猪脚去毛洗净，再用温水漂洗干净待用。

2. 起卤，把桂皮、八角、草果、甘草洗净烤干，加入花椒，放入锅中炒香，用香料布袋装好，干葱用油炒至够火候加入切片南姜炒香装入另一布袋内，剩下的油倒入大曲酒煎煮片刻加入盐、生抽、糖等再倒入装水的大锅煮2小时便成卤汤。

3. 卤制，将洗净的肉料放入卤汤中卤2小时，捞起趁热用切肉机切成小肉碎（要重复两次切）待用。

4. 炒肉定型，将切好的肉碎放入双层蒸汽开口锅，炒至肉身脱油肉体抱团加入胡椒粉和匀，放入蜂窝式25厘米×25厘米×40厘米的卧式长方形模具中，压去油脂后静置24小时定型可脱模即成"猪头粽"。食用时切成薄片。

⏲ 烹法

综合烹调法，卤炒法。

◇ 味型

芳香酱香。

佐料

辣椒油。

☆ 特点

柔弹甘香，肥而不腻。

◌ 性味功效营养

猪头肉性平、味甘咸，具有补虚强身、滋阴润燥等作用。每100克猪头肉中含能量657千焦、蛋白质13.8克、脂肪10.9克、胆固醇69毫克、钠830毫克。

✎ 心得

传统的猪头粽与端午的粽子一样，是由多种松散食材混合，借助器具或植物织品或植物外皮包裹成形的"粽"。从原始的简单食法到菜式再到包装食品，经长时间演绎至今，猪头粽烹制关键有二，一是火要足、味要够，二是油分去留要适中。

猪头粽是潮汕尤其澄海的著名传统小吃。可配白糜，可当零食，可配工夫茶。猪头粽咸香口味，香而不腻，口感软中带韧，越嚼越香。

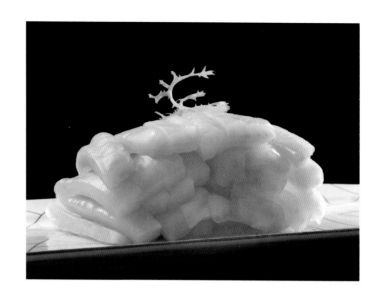

咸菜

配方

大芥菜50千克、粗海盐8千克、白糖500克、纯净水15千克。

工艺

1. 将大芥菜洗净去劣茎、硬茎后放在竹编席上面晒一天，取盛具放入菜件，加上4000克粗盐拌匀，压上重物一天，拌匀滗净透出的水。

2. 把4000克粗盐和白糖放入纯净水中搅匀加入菜件，压上重物让菜件没于水下，盛具加盖，静置一周便成可口的酸咸菜。

味型

酸鲜味。

特点

香酸晶亮，鲜甘爽脆。

性味功效营养

大芥菜性温、味辛，具有宣肺化痰、利气温中、明目利膈的功效。

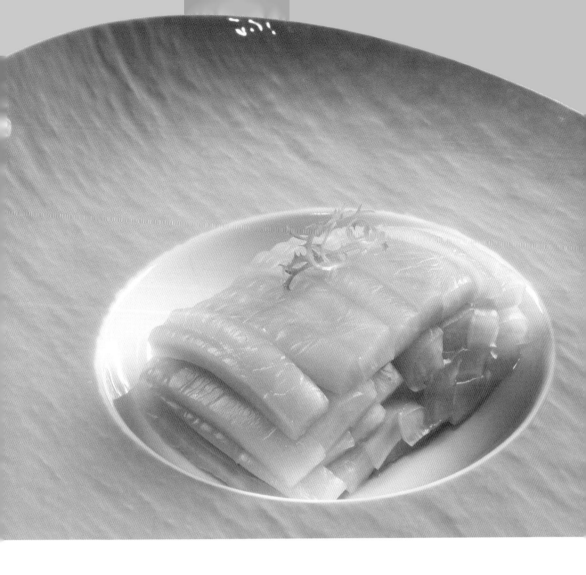

每100克芥菜中含能量128千焦、蛋白质2.9克、脂肪0.4克、碳水化合物4.7克、不溶性膳食纤维1.7克、钠32毫克。

✎ 心得

　　腌制芥菜加重盐叫咸菜，加轻盐叫酸菜，本工艺和配方制成的名叫酸咸菜，菜件质量关键：1.菜件一定要洗干净以免其他杂菌在菜件静置过程中污染菜件美味；2.菜件一定要日晒，目的在于去菜腥味，去掉菜的水分使之变柔软才彰显工艺所带传统味道。

菜脯

配方

萝卜50千克、粗海盐5.5千克。

工艺

1. 将萝卜洗净晾去水分，整个或对开二半，放在竹编席上面用烈日暴晒至软身为佳，再放入缸内用4千克粗盐拌匀，用重物（石头）压住12小时。

2. 取出缸里的萝卜，倒掉缸内的水，再把萝卜放在竹编席上，在烈日中暴晒一天，取回又放入缸内，加入1.5千克盐拌匀，再用重物压上过12小时。

3. 取出萝卜干半成品，去掉水分，晒至自己认为需要的软硬度便成萝卜坯了。

4. 取瓷瓮把萝卜干装入瓮内压实，放上稻草缠成的草团，再盖上盖子，贮存一周即可食用。

◇ 味型

辛辣咸香。

☆ 特点

辛甘爽脆，微带萝卜辣香味。

◌ 性味功效营养

白萝卜性凉，味甘、辛，具有清热生津、凉血止血、下气宽中、消食化滞、开胃健脾、顺气化痰的功效。每100克白萝卜中含能量94千焦、蛋白质0.9克、脂肪0.1克、碳水化合物5.0克、不溶性膳食纤维1.0克、钠62毫克。

✐ 心得

　　萝卜营养极其丰富，做萝卜干前先选富硒土壤所种出来的萝卜。日后通过陈放，潜在的保健价值巨大。萝卜干可佐餐，可配酒，能做菜、炖汤，有保健作用，可调理肠胃，对消化不良、营养过剩者有益。

　　以上八款潮汕小菜，二甜，二生腌，二干，二湿，是潮汕特色的杂咸、小食，即日常小菜、零食。可作为餐前小菜，正式开席之前亲朋好友借物聊天；又可在下午喝茶时做茶配；还可在宵夜喝酒时做下酒小菜。

前菜

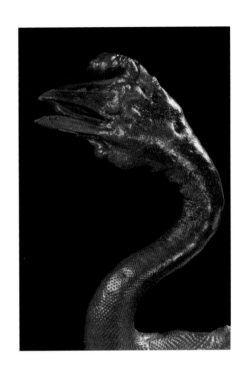

老鹅头

潮汕卤鹅食材以汕头澄海狮头鹅最负盛名。

配方

老鹅头15千克（约7条）、五花肉5千克、桂皮35克、八角35克、丁香18.5克、甘草18.5克、花椒10克、白豆蔻20克、老陈皮10克、蛤蚧两对、蒜头750克、南姜750克、红辣椒30克、冰糖200克、生抽1.5千克、老抽1.5千克、盐500克、水50千克。副件：20厘米×30厘米拉绳封口袋2个。

工艺

1. 把鹅头带颈洗净，细心把鹅毛去干净，将处理干净的鹅头颈部断口处用针网线进行缝口，预防加热过程中皮收缩颈骨裸露突出影响美观。

2. 将缝好的鹅头放入开水中慢火煮20分钟，使鹅头处于断生状态，取出再次洗净，放入已调好的卤汤中卤6小时即可。

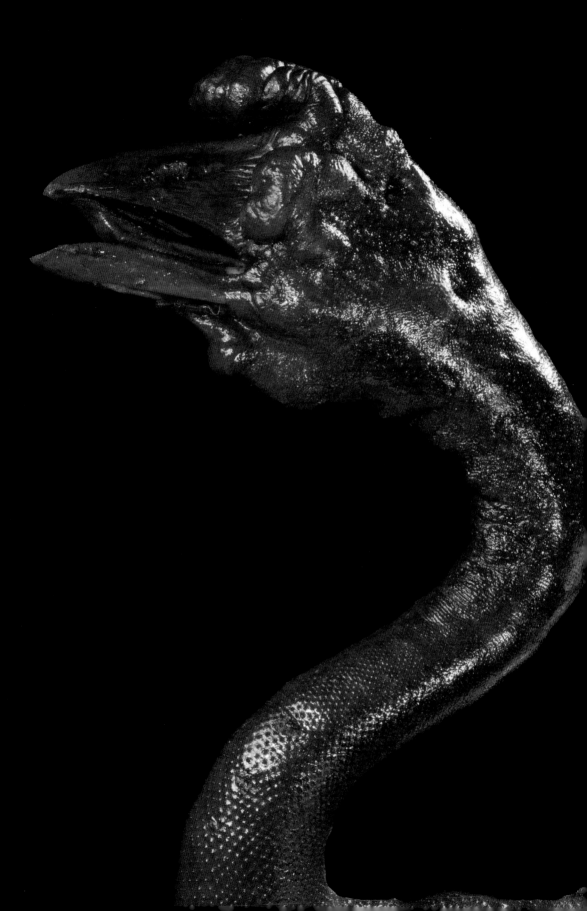

3. 开卤：（1）缠香料包待用，将配方中的八角、桂皮、丁香、甘草、花椒、豆蔻放入香料包。陈皮洗干净烘干，取出，用铜鼎（潮汕方言称炒菜的锅为"鼎"）炒至起香；蛤蚧用毛刷刷去杂物，用铜鼎轻焙至起香，取出用石臼锤松、锤碎，连同香料用麻袋宽松地包裹起来。（2）缠植香包待用，取 麻袋，南姜捣碎、蒜头整枚、辣椒整粒装入袋内。（3）用大汤桶将50千克水烧开放入5厘米宽五花肉条、生抽、老抽、糖、盐，将卤汤煮开后，加入香料包、植香包，把卤汤煮开30分钟即可卤制各类食物。

🔥 烹法

卤。

◇ 味型

综合芳香型。

◌ 性味功效营养

鹅肉性平、味甘，具有和胃、化痰、益气补虚等作用。每100克鹅肉中含能量1050千焦、蛋白质17.9克、脂肪19.9克、胆固醇74毫克、钠59毫克。

鹅胗性平、味甘，具有和胃、化痰、益气补虚等作用。每100克鹅胗中含能量418千焦、蛋白质19.6克、脂肪1.9克、胆固醇153毫克、碳水化合物1.1克、钠58毫克。

✎ 心得

老鹅头之所以好，有3个必备条件：1.必选3岁公狮头鹅头；2.一定要卤够火候，全过程文武火候运用控制得好；3.味料、香料、植香有机合理调和，必有好质量：卤汤清香甘纯，成品沉香无穷。此乃本家独到之处，当下旨在承上启下立志传承，本丛书中另有分册细解。

鹅胗

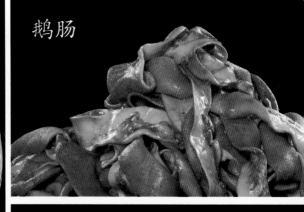

鹅肠

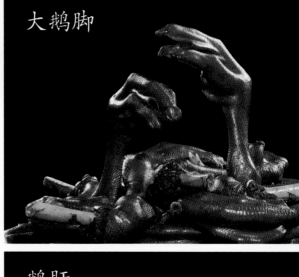

大鹅脚

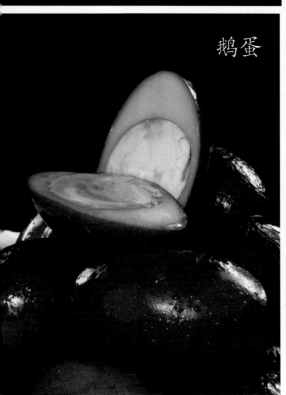

鹅蛋

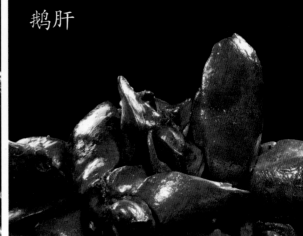

鹅肝

全鹅

　　鹅八珍指鹅头、鹅翅、鹅掌、鹅肉、鹅肝、鹅胗、鹅肠、鹅血。其味型咸香，各具特点，卤水鹅头爽糯松香，香气四溢；卤水鹅翅香糯松嫩，肉鲜髓香；卤水鹅掌甘爽香滑，皮厚骨细；卤水鹅肉纤维柔软，肉汁鲜香；卤水鹅肝甘香滑嫩，入口即化；卤水鹅胗适口甘爽，老火松嫩；卤水鹅肠爽脆无渣，百吃不厌；卤水鹅血爽滑且鲜，香醇无渣。

白斩鸡

选用走地鸡为佳。

配方

麻黄鸡1只约3千克、粗盐40克。

工艺

1. 将鸡清洗干净后用干毛巾擦去内外水分，再用粗盐均匀地涂抹在鸡身和鸡腹内，静置腌10分钟待用。

2. 将腌好的鸡放入蒸柜蒸30分钟后取出放凉即可。

烹法

蒸。

味型

咸鲜香。

性味功效营养

公鸡肉性温热、味甘，具有补虚温中、止血治崩、补虚损、益虚羸、行乳汁等功效。每100克鸡肉含能量699千焦、蛋白质19.3克、脂肪9.4克、胆固醇106毫克、碳水化合物1.3克、钠63毫克。

🖊 心得

选用麻黄鸡中150天的公鸡，肉质紧实，鸡味足且酸味轻。蒸熟凉透切勿存放入保鲜库，尽量在凉透后用完。当鸡皮下的腿内有结冻状态为最佳。

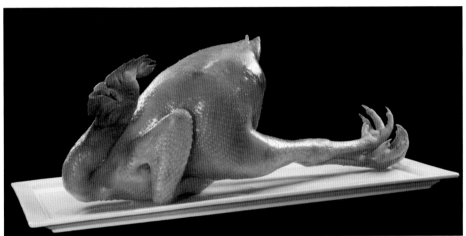

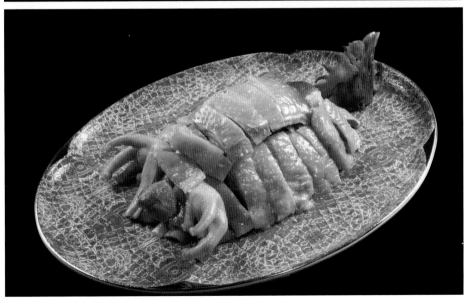

猪头皮

选用本地猪肉为佳。

配方

猪头皮一整个约2千克、生抽80克、老抽10克、鱼露36克、冰糖48克、盐12.6克、53度的高粱酒10克。香料：桂皮2.5克、八角1.2克、丁香2.46克、甘草1.2克。植香：蒜头100克、南姜100克、红辣椒1个、清水1.7千克。

工艺

1. 将猪头皮表面清理干净后，用干净毛巾擦干水分待用。

2. 把猪头皮加入调料，炒香过的香料处理干净，植香料腌2小时待用。

3. 开火加水烧开后，将处理好的猪头皮煮10分钟，改用中慢火卤50分钟，捞出待凉。

◔ 烹法

卤，属三味二火的卤法。

◇ 味型

咸酱香味。

✿ 特点

猪肥肉爽脆有味，猪瘦肉松软有香。

◔ 性味功效营养

猪头皮性凉、味甘，具有健脾养脾、养胃健胃、补气益气、滋阴补阴、开胃消食的作用。每100克猪头皮中含能量2088千焦、蛋白质11.8克、脂肪44.6克、胆固醇304毫克、钠72毫克。

✎ 心得

选料为首要，是决定菜品成功与否的关键，俗话说"巧妇难为无米之炊"，这句话恰好隐藏着很深的饮食哲理。卤猪头皮两个关键：1. 选用180斤重生猪，最好是乌猪；2. 火候控制好了是王道；3. 猪头皮是配中国高度白酒的好菜，配上潮汕酸菜，佐上蒜泥醋，味道一流。

大龙虾饭

配方

南澳大龙虾一只约1千克、杜果一个约400克。

工艺

1. 将龙虾先放血后冲洗干净，用一根竹筷子从龙虾尾部直穿至头部待用。

2. 将穿好竹筷的龙虾放入蒸柜，蒸16分钟，取出放凉待用。

3. 放凉的龙虾先把头拧下，再用剪刀从龙虾腹部两边将腹膜剪开后取出龙虾肉，再取出筷子和虾肠待用。

4. 将杜果去皮切成厚0.3厘米的半圆片状，铺在盘里，再将龙虾肉斜刀横片成厚0.3厘米，铺在杜果上即可。

烹法

蒸，采用一味一火的烹制方法。

味型

香鲜。

佐料

金橘油。

特点

细腻鲜爽、洁净香美。

性味功效营养

龙虾性温，味甘、咸，具有补肾壮阳、滋阴、镇静安神、健胃的功效。每100克龙虾肉中含能量377千焦、蛋白质18.9克、脂肪1.1克、胆固醇121毫克、碳水化合物1.0克、钠190毫克。

心得

配方中没有米饭，标题为什么叫"龙虾饭"？那是因为旧日渔民以渔为生，靠海捕捞过日，把鱼虾当饭为主食，故鱼、虾、蟹也作"饭"。龙虾饭关键：1.火候控制要求很高。2.拆肉一定要等虾身凉透，食用时配金橘油最佳。

大乌鱼饭

海乌鱼主要分布在广东、福建等沿海地区，以冬至前的乌鱼最为肥美。

配方

海乌鱼一条约1.5千克、粗盐10克、鲜柠檬两个、白菜叶净绿叶6瓣。

工艺

1. 将乌鱼开腹去内脏洗干净，用干毛巾擦干。

2. 将柠檬挤汁和盐放一起淋上鱼身、抹匀整体，腌1小时。

3. 将腌好的鱼吸干水分，用白菜叶包捆在鱼身上蒸40分钟，置凉约2小时，拆去白菜瓣便成。

烹法

蒸，属二火三味烹制方法。

味型

果香海鲜味。

🥫 **佐料**

　　普宁豆酱。

☆ **特点**

　　果香鱼香俱全，酱香鱼鲜极佳。

💧 **性味功效营养**

　　大乌鱼性平，味甘、咸，具有益气滋阴的作用。每100克大乌鱼中含能量498千焦、蛋白质18.9克、脂肪4.8克、胆固醇99毫克、钠71毫克。

✐ **心得**

　　昔日称澄海上华镇冠陇的"池乌"是乌鱼一绝，至今只余记忆。现选一条3斤以上的海乌鱼来做这道菜。经综合评估新马泰、中国港澳地区烹乌鱼饭的功夫，咱们潮汕本土还是算有水准的！食用时佐普宁豆酱最佳，讲究美食的则在豆酱蘸料中加入占豆酱的比例10%的老母鸡油。

烹饪文化之论火

　　熟物之法，最重火候。有须武火者，煎炒是也；火弱则物疲矣。有须文火者，煨煮是也；火猛则物枯矣。有先用武火而后用文火者，收汤之物是也；性急则皮焦而里不熟矣。有愈煮愈嫩者，腰子、鸡蛋之类是也。有略煮即不嫩者，鲜鱼、蚶、蛤之类是也。肉起迟则红色变黑，鱼起迟则活肉变死。屡开锅盖，则多沫而少香；火息再烧，则走油而味失。——〔清〕袁枚《随园食单》

　　烹煮之法，最重要的是掌握火候。有的必须用猛火，如煎、炒等；火力不足，菜肴疲沓失色。有的必须用慢火，如煨、煮等，火候太猛，食物枯干形硬。有的菜肴需收汤，先用猛火然后再用慢火；性急就会使皮焦而里面未熟。有些菜肴越煮越嫩，如腰子、鸡蛋一类的食物。有些食物稍煮肉质即变老，如鲜鱼、蚶、蛤之类。烹煮肉类，起锅迟了，肉色就会由红变黑；烹煮鱼类，起锅迟了，鱼肉就会由肉味鲜美变得老柴，口感差了。烹煮时不断揭开锅盖，菜肴就会泡沫多而香味少；熄火再烧烹，菜肴也会走油失味。

物无不堪吃，唯在火候，善均五味。——〔唐〕段成式《酉阳杂俎》

没有不能吃的东西，关键在于火候，还要调和五味。

烹煮之法，全在火候得宜；先期而食者肉生，生则不松；过期而食者肉死，死则无味。——〔清〕李渔《闲情偶寄》

烹煮的方法全在火候适当，火候不到，肉吃起来是生的，不好嚼；火候太过，肉吃起来就会太老，没有味道。

五味三材，九沸九变，火为之纪。时疾时徐，灭腥去臊除膻，必以其胜，无失其理。——〔战国末期〕战国吕不韦主纂《吕氏春秋》

五种味道，三样材料（水木火），多次煮沸，多次变化，火是关键。火时而炽热，时而微弱，一定要用火除去腥味、臊味、膻味，但火候要适中。

煮粥以成糜为度。火候未到，气味不足，火候太过，气味遂减。——〔清〕曹庭栋《养生随笔》

在煮粥的过程中，要以成为糜粥为标准。火候不到，粥的香气不足；火候过度，粥的香气就会减少。

第二章 主菜

　　潮人特别爱面子，俗说"好脸"，凡请客都必须有个主菜，没上主菜好像不可向朋友交代，所以大小食肆都会做主菜。外地朋友来潮汕想吃什么有什么，"潮州菜肴甲天下"！主菜由花胶、燕窝、鱼翅、干鲍、响螺、本港龙虾、红蟹等做成各种高档次珍馐。例如做一个好的赤嘴鳇鱼胶需4—5天，做一碗好的红烧燕窝要4—5天……真是称得上"甲天下"。

传统主菜

清鸡汤鱼翅

配方

泡发好净鱼翅150克，老母鸡1只（选用走地鸡为佳），猪里脊肉为鸡肉的0.5倍，每500克汤加入3克盐、2克味精。

工艺

1. 炖翅，将涨发的鱼翅用2克鸡油拌匀，加入已调好味的鸡汤150克，放入蒸柜蒸20分钟，取出滗去汤汁，再灌入余下已调好味的鸡汤即可。

2. 制作鸡汤，将老母鸡、猪里脊肉飞水洗干净，加入开水用慢火煲4小时，舀走浮在表面的油，过滤出清鸡汤500克。

烹法

炖。

味型

清香鲜味。

🍲 佐料

镇江浙醋、芫荽。

☆ 特点

鸡香清醇，翅糯入味。

💧 性味功效营养

鱼翅性平、味甘，具有益气、开胃、补虚等功效。每100克鱼翅中含能量1463千焦、蛋白质84.1克、脂肪0.5克、碳水化合物2.3克、钠80毫克。

老母鸡性温平、味甘，具有温中益气、补虚劳、健脾益胃的功效。每100克母鸡肉含能量1071千焦、蛋白质20.3克、脂肪16.8克、胆固醇166毫克、碳水化合物5.8克、钠62毫克。

✐ 心得

1. 鱼翅够火候才入味，汤好需够温度。

2. 如何做成一碗好鱼翅？当鱼翅炖够火候时，翅针膨胀处于吸味状态，同时也把腥味去尽，此时滗去第一轮汤，再灌入高温的鸡汤即成为食客皆爱的靓翅。

3. 吃鱼翅时先品尝2匙清汤，再夹一大口翅品品，看够火又吸足味的鱼翅是否像大口吃优质米饭的绵绵舒适感觉！然后再来两口汤，最后剩下1/3时加入半匙镇江浙醋就完美了。

老陈皮炖燕窝

配方

官燕50克、30年陈皮2.5克、冰糖30克、矿泉水800克。

工艺

1. 将官燕用纯净水泡2小时，后用燕窝钳夹去净细毛和杂物，反复洗涤若干次至燕窝干净，再用双手将燕窝掰开至燕窝盏呈现细丝状，用盛具将燕窝分成5等份约每份60克待用。

2. 将陈皮用100克水洗净，再用100克水泡发陈皮2小时，将陈皮揉干用片刀去掉陈皮内囊苦涩部分后将陈皮切成细丝状，放入600克水、30克冰糖隔水炖3小时，取出过滤，将滤出的陈皮丝分成5份装入燕窝中，放入蒸笼炖半小时即可。

味型

果香甜味。

佐料

少许蜂胶或蜂蜜。

特点

清纯甘和，陈香果韵。

💧 性味功效营养

燕窝性平、味甘，具有养肺阴、化痰止咳的功效。陈皮性温，味辛、苦，具有理气健脾调中、燥湿化痰、利水通便的功效。每100克陈皮中含能量1163千焦、蛋白质8.0克、脂肪1.4克、碳水化合物79.0克、不溶性膳食纤维20.7克、钠21毫克。

心得

本品按以上方法一讲即通，一教即会，但要做到"和"与"韵"的境界就不容易，关键在于选择燕窝的品种与厨师的工艺对标，与美食家的需求对标，如有些燕窝较硬身时可适当炖久10分钟。

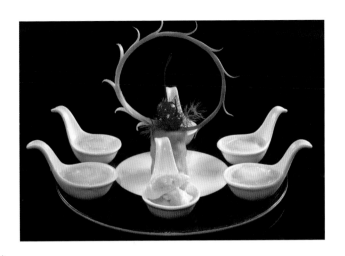

荷包龙虾豆腐

龙虾主要产于我国东海和南海，夏秋季节为出产旺季。

配方

内酯豆腐一盒350克、野生小龙虾一只300克、马蹄粉15克、鸡蛋清2只、盐5克、味精5克、上汤150克、芹菜末15克。

工艺

1. 将内酯豆腐取出放入搅拌机打成细腻浆糊状，用滤布滗去水分返回搅拌杯内，加入1克盐、1克味精、鸡蛋清2只、马蹄粉8克搅拌1分钟成幼滑豆腐浆。取花式汤匙10只轻洒上加热过的调和油，将豆腐浆装在汤匙上1/3满待用。

2. 将龙虾去壳取肉，快速用冰水洗过，去净内脏及外膜，将全部龙虾顺肌肉纹理切成约3厘米×2厘米×1厘米状，用0.5克盐半只鸡蛋白拌匀，逐件披在豆腐糊浆上面，再把剩余的豆腐浆挤上盖满龙虾酿快速入蒸柜用猛火蒸6分钟取出撒芹菜末，用上汤烧开加入盐，味精勾上马蹄粉调成的湿芡成琉璃芡，淋在蒸熟的豆腐件上即成为精致的"荷包龙虾豆腐"了。

◇ 味型

清鲜。

🗇 佐料

无需。

☺ 特点

清鲜滑嫩，三层鲜感。

◔ 性味功效营养

龙虾性温，味甘、咸，具有补肾壮阳、滋阴、镇静安神、健胃的功效。每100克龙虾肉中含能量377千焦、蛋白质18.9克、脂肪1.1克、胆固醇121毫克、碳水化合物1.0克、钠190毫克。

内酯豆腐性凉，味甘、淡，具有益中气、和脾胃、健脾利湿、清肺健肤、清热解毒、下气消痰的功效。每100克内酯豆腐中含能量207千焦、蛋白质5.0克、脂肪1.9克、碳水化合物3.3克、不溶性膳食纤维0.4克、钠6毫克。

✎ 心得

潮籍厨匠以精益求精的精神，以无懈可击的手法创造出美食家舌尖上的需求，享受世界上至为绝妙的风味。口感上，豆腐经过调和后滑而不糊，软而不趴；口味上，琉璃芡伴随着清淡有味的豆腐，烫嘴未完间又来了一个滑嫩带鲜香的龙虾肉，告诉您认知潮菜一定要带上耐心。

干捞鱼鳔

配方

干鱼鳔25克、厚香菇5克、浓高汤250克、花生油5克、蚝油2克、生抽1.5克、味精0.5克、芝麻油1克。

工艺

1. 将鱼胶放入220℃油温炸1分钟爆透取出，凉透后放入冰箱冻一天取出，用清水浸泡软身，用网纱布裹成包状在离心机甩脱油水，取出切成1厘米粗丝待用。

2. 香菇泡水切成细丝，炒锅上炉加入花生油炒香；香菇加入生抽，加入鱼胶丝炒透至与生抽香菇之味和匀，加入高汤用猛火将汤汁收至浓稠。

味型

鲜咸香味。

佐料

山西陈醋。

✦ 特点

蛋白鲜香，菌香纯绵，口感软爽、浓稠糯滑。

◌ 性味功效营养

鱼鳔性平，味甘、咸，具有补肾益精、滋养筋脉、止血、散瘀、消肿的功效。

✎ 心得

干捞鱼鳔的"干捞"起名于干捞干面，干捞是烹调过程中的一道工艺，而整道菜的调味是在制作过程中完美调制让口味、口感达色味香俱佳，又让鱼胶在营养层面的五种体验仪式中彰显极强性价比。

红炖鲨鱼唇

配方

涨发好鲨鱼皮150克，老母鸡1只（选用走地鸡为佳），肉排为老鸡一半量，猪前腿为老鸡一半量，蚝油3克、味极鲜酱油1克、老抽11克、白糖1克、味精1克、炸蒜头片8克、香菇10克、花生油10克、水300克。

工艺

1. 煲上汤。将老母鸡洗净斩成5大件，排骨斩成手掌大，猪前腿掰开切成6件，用总料重量4倍的水先大火后中火煲4至5小时，捞出总料的一半量的汤备用。

2. 煨鱼皮。锅里放入300克水10克老抽煮开，放入发好的鱼皮煮开捞出待用。

3. 烧鱼皮。将香菇用10克花生油炒香加入煨好的鱼皮轻炒，再加入150克高汤略滚片刻。依次加入以上调料，再加入炸蒜片，最后勾上芡汁即成。

烹法

烧煮。

味型

酱菌香鲜。

佐料

山西陈醋、芫荽。

特点

甘香柔滑，传统珍馐。

性味功效营养

鲨鱼皮性平，味甘、咸，具有解鱼毒、消食积、杀痨虫的功效。每100克鲨鱼皮含能量494千焦、蛋白质22.2克、脂肪3.2克、胆固醇70毫克、钠102毫克。

老母鸡性温平，味甘，具有温中益气、补虚劳、健脾益胃的功效。每100克母鸡肉含能量1071千焦、蛋白质20.3克、脂肪16.8克、胆固醇166毫克、碳水化合物5.8克、钠62毫克。

心得

红炖鱼唇是潮菜传统佳作，我师傅掌厨常用大明翅四件套加鱼唇，自己洗沙，严格控制火候把翅皮取出，把鱼皮、鱼唇呵护到完美，来烹制出一锅锅的红炖鱼唇。后来由于消费市场庞大，慢慢也就用上鱼皮了，鱼唇慢慢销声匿迹，鱼唇在餐桌上已难以问津。红烧鱼皮（鱼唇）关键在汤底好，鱼皮洗至腥味去尽随之本味也没了，故常言鱼皮食"别人味"。有味使之出无味使之入，加上调和其味成为名副其实的珍馐！

现代主菜

香柠鱼胶面

配方

斗湖鱼胶丝100克（备5位食客用量）、浓鸡汤750克、纯柠檬汁25克、去皮番茄丝50克、盐4.5克、味精3克、葱段10个。

工艺

1. 将鱼胶丝放入10倍清水煮开熄火的开水中泡浸加盖闷发至水转常温，打开盖子滤净水分，再加入等量冰和水调至水温18℃，让它自涨至4倍即可待用。

2. 取浓鸡汤烧开，放入番茄丝略煮，捞出备最后盖面用，加入盐、味精，再加入发好的鱼胶煨，加入柠檬汁，捞起鱼胶丝分成5等份装入盛具，放上番茄丝，灌入已调好的浓汤，最后每份加上两个葱段即成。

味型

鲜酸香味。

佐料

无需。

特点

汤浓而不腻，胶弹牙而不糊。

性味功效营养

鱼鳔性平，味甘、咸，具有补肾益精、滋养筋脉、止血、散瘀、消肿的功效。柠檬性温、味苦，能化痰止咳、生津健胃。每100克柠檬含能量156千焦、蛋白质1.1克、脂肪1.2克、碳水化合物6.2克、不溶性纤维1.3克、钠1毫克。

心得

鱼胶做成丝状以及清洗泡浸涨发的精心操作，是对食材的尊重。

酸汤龙虾卷

配方

小龙虾一只300克（可做两份）、浓鸡汤500克、番茄150克、柠檬2片、盐2克、味精2克、咸菜50克、红辣椒1个。

工艺

1. 拆肉造型，用手将小龙虾的头拧下，用剪刀将龙虾腹部的膜剪开将肉取出，用刀把外膜连红衣去净，用滚刀法把肉片成长5厘米、宽4厘米、厚3毫米的小长方片，将咸菜切成5厘米条状，将辣椒切成5厘米长；再将两条咸菜一条辣椒丝放在已片好的龙虾肉上面，依次卷成扁圆筒状，轻轻装入深盘中，用泡茶的开水壶烧开水轻轻注在龙虾件上面至淹没，略静置至熟透，每件上面放上薄薄的酸柑仔片待用。

2. 将浓鸡汤加入番茄熬至番茄出尽香味，过滤去渣，倒回锅里加入盐、味精，加入柠檬片大火烧开后去掉柠檬片，汤灌入餐具中，再把每二卷虾件放入汤中即可。

⚕ 烹法

生淋。

◇ 味型

酸香鲜。

⊡ 佐料

指天椒酱油。

☆ 特点

香酸爽脆，生津消渴。

⬙ 性味功效营养

龙虾性温，味甘、咸，具有补肾壮阳、滋阴、镇静安神、健胃的功效。每100克龙虾肉中含能量377千焦、蛋白质18.9克、脂肪1.1克、胆固醇121毫克、碳水化合物1.0克、钠190毫克。

✎ 心得

本品烹制方法奇特，由分子料理改良而成，加上运用潮式烹法"生淋"鱿鱼的做法，讲究烹制龙虾的鲜味最大化！"生淋"讲究食物不用火加热，只用水淋熟，用蒸馏水煮开淋熟，其实分子料理就是从此开始的！

高汤螺把

角螺主要产于南海深海，在秋冬季节最为肥美。

配方

角螺1个300克、咸菜50克、红辣椒1个、芹菜40克、鸡汤500克、盐3克、味精2克。

工艺

1. 加工螺，将角螺去壳取肉洗净至完整肉金黄，再将螺外层硬肉修切完整为嫩心，切成5厘米长、1厘米宽长条状待用。

2. 咸菜改刀：咸菜也同样切成5厘米长、1厘米宽长条状，零碎部分加入鸡汤中煲出味待用。

3. 辣椒和芹菜：辣椒切成5厘米细丝；芹菜取茎，焯水，漂凉，撕丝，取12厘米待用。

4. 扎把：把已加工好的螺肉条2条、咸菜1条、辣椒1条用芹菜丝扎成把，2把放入碗中，用开水冲，超出螺把高度的2倍开水浸20秒，沥干水

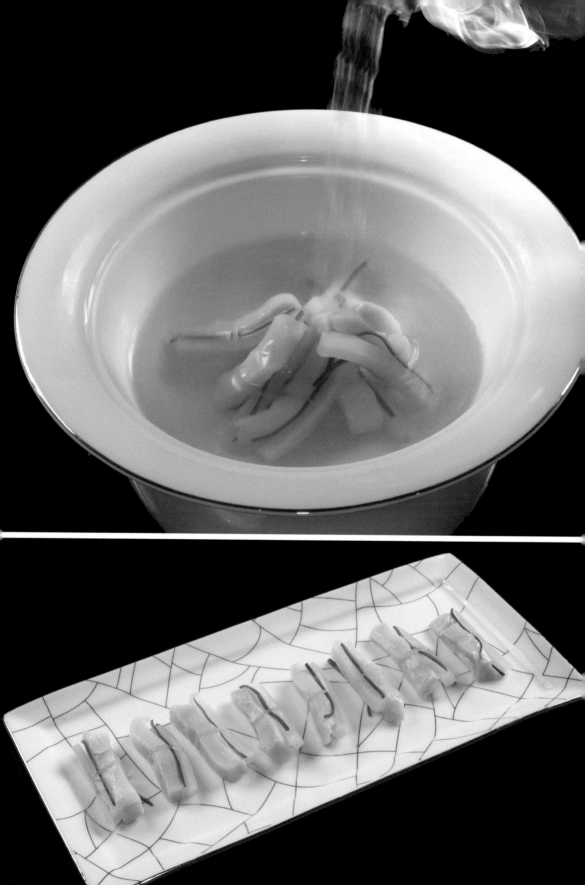

分，灌入已调好味的热鸡汤即可。

🔥 烹法

灌泡。

◇ 味型

酸香鲜。

🗂 佐料

酱油。

⊗ 特点

纯香清鲜、爽口留心。

💧 性味功效营养

角螺性平、味甘，具有滋阴补气的功效。每100克角螺中含能量418千焦、蛋白质15.7克、脂肪1.2克、碳水化合物6.6克、钠153毫克。

✎ 心得

高汤螺把是一道传统菜品，做法是把角螺修整，用滚刀片法切成近长方形状，中间放上咸菜丝、辣椒丝各一条，芹菜茎撕丝焯至断生变柔软，用来捆扎以上食材成为螺把，灌入高汤即可。伦伦老师训导"留住历史，记住味道"，故改良升级做法：用做刺身的手法把螺皮去掉，取最精嫩部分修整成条；酸菜条、辣椒丝（用纯净水泡过）待用；用芹菜把螺、酸菜、辣椒丝捆扎成把，放入碗中，用银壶装入高汤慢火烧开，注入螺把碗中即可。您认为这是"珍馐"吗？

黑虎掌菌炖角螺

配方

角螺一个300克、黑虎掌菌15克、里脊肉90克、带皮五花肉10克、纯鸡油2克、矿泉水150克、盐1克、味精0.6克。

工艺

1. 将角螺去壳取肉，洗刷干净至无涎、无黑线点，放入开水中飞焯1分钟，捞出用冰水泡透，恢复自然温度待用。

2. 将黑虎掌菌用清水快速洗刷再换水洗干净，揉去水分；再加入矿泉水泡发至软透，挤干水分，改刀为宽2厘米、长5厘米长条，加入鸡油揉捏入菌身，泡菌水和菌分开放。

3. 把里脊肉和五花肉分别改成2厘米见方肉粒，放入碗中用开水泡至断生，肉身转硬放入冰水中，漂凉透后待用。

4. 取炖盅依次放入里脊肉、五花肉、黑虎掌菌、角螺、盐，再将菌汤烧开灌入盅内，封上竹丝纸，放入蒸柜蒸90分钟，揭开丝纸放入味精即成。

ᯤ 烹法

蒸炖，二火二味烹调法。

◇ 味型

菌香鲜味。

🗒 佐料

芥末酱油。

✿ 特点

香醇回甘，螺软鲜透。

◌ 性味功效营养

角螺性平、味甘，具有滋阴补气的功效。每100克角螺中含能量418千焦、蛋白质15.7克、脂肪1.2克、碳水化合物6.6克、钠153毫克。

✐ 心得

螺净身到位，火身徐润，展现"有味使之出、无味使之入"。动静结合，螺、菌各自本味交汇吐纳后把最好味的水解蛋白溶解于汤中，品尝瞬间难以言喻的美味，接着再来一口……

烹饪文化之论味

以味为本，至味为上。——〔战国〕吕不韦《吕氏春秋》

以味道作为根本，以至臻之味作为最高追求。

味要浓厚，不可油腻；味要清鲜，不可淡薄。——〔清〕袁枚《随园食单》

菜肴味道要浓厚，但不可以油腻；或者味道要清鲜，但不可以淡薄。

味有五变，甘其主也。——〔汉〕刘安《淮南子》

味有"酸辛甘苦咸"5种，其中"甘"是主味。

调和之事，必以甘酸苦辛咸，先后多少，其齐甚微，皆有自起。鼎中之变，精妙微纤，口弗能言，志弗能喻。若射御之微，阴阳之化，四时之数。知其理，通其事，察其变，鼎中之物，方能久而不弊，熟而不烂，甘而不哝，酸而不酷，咸而不减，辛而不烈，淡而不薄，肥而不腻。——〔战国〕战国吕不韦主纂《吕氏春秋》

调和味道，必定要用甜酸苦辣咸。先放后放，放多放少，调料的剂量很精准，这些都有一定的规定。鼎中味道的变化，精妙微细，既不能言传，又不能意会，就如同射技御技的精微、阴阳二气的交合、四季的变化一样。所以，时间长，但不毁坏；做得熟，但不超过火候；甜，但不过度；酸，但不过分；咸，但不减损原味；辣，但不浓烈；清淡，但不过薄；肥，但不腻。

气味辛浓，已失本然之味。夫五味主淡，淡则味真。——〔明〕陆树声《清暑笔谈》

香气味道辛辣浓厚，已然失去原本自然的味道；五味的根本在于清淡，清淡则味道纯正自然。

第三章

风味特色菜

每一个传统菜能让潮人认可的都有五六个版本，而且都有特色，存在就是理由。我很担忧"断层"，不是工艺断层，而是火、味断层。当面对面我可以跟你谈各种不同，例如为什么说潮菜精辟，什么时间下什么料，什么时间加什么味，什么时候下锅起锅再下锅起锅，每一步都很有理据。但很多潮菜厨师懂做不懂总结，也不懂说清楚……这是我所急！

传统风味菜

龙入虎腹

深秋至冬天的白鳝最为肥美，主要产地是江苏、浙江、福建和广东。

配方

猪大肠第2节350克、白鳝1条约400克、火腿末20克、方鱼末10克、香菇粒30克、肥肉粒60克、蛋白20克、生姜2片、生葱2条、芫荽25克、二汤1千克、味精7.5克、精盐5克、绍酒15克、老抽10克、湿生粉40克、麻油10克、胡椒粉1克。

工艺

1. 把猪大肠清洗干净，切开分2段。白鳝开肚，去肠脏，洗干净，整条起骨，肉切粒。

2. 白鳝肉粒、火腿末、香菇粒、肥肉粒等料用碗盛起，加入蛋白20克、味精2.5克、盐3克拌匀候用。

3. 将腌制好的料套进猪大肠里（即大肠做外皮），每隔4厘米用水草绑实，成一串枣形串。

4. 起锅下油，把猪大肠略炸一下，捞起。炖钵先放竹篾垫底，然后放入猪大肠，加入二汤、精盐、绍酒、姜、葱、芫荽、老抽，加盖用木炭炉爆炖，至猪大肠烂为止，约存原汁200克。取出猪大肠，涂抹湿生粉约25克，起锅下油炸香，捞起，从捆水草处下刀，切件摆盘，将原汁倒入锅（其他配料全部不用），加入味精5克，下湿生粉15克，打芡，加入麻油、胡椒粉，淋到猪大肠上即成。

🔥 烹法

灼。

◇ 味型

咸鲜味。

☆ 特点

似脆而嫩滑、甘香而不腻。

○ 性味功效营养

猪大肠性微寒、味甘，具有润肠治燥，调血痢脏毒的功效。每100克猪大肠中含能量975千焦、蛋白质12.5克、脂肪20.3克、胆固醇277毫克、钠18毫克。

白鳝性平、味甘，具有补虚赢、祛风除湿的功效。每100克白鳝中含能量757千焦、蛋白质18.6克、脂肪10.8克、胆固醇177毫克、碳水化合物2.3克、钠59毫克。

✐ 心得

此菜命名采用喻意法，把白鳝喻为龙，猪大肠喻为虎腹。猪肠的加工注意去膻腥味。

软炸裂袋鱼

配方

烤鳗200克、鲜虾肉200克（选用海虾取肉尤佳）、猪网膀100克、猪肥肉50克、香菇2个、鸭蛋1个、火腿10克、芫荽叶1克、食用油1千克、精盐3克、味精3克、胡椒粉0.5克、麻油1克、喼汁适量。

工艺

1. 将烤鳗头尾切齐待用。鸭蛋煮熟去壳，取出蛋白切条，火腿切条，香菇浸发，煨好切条，猪肥肉切成小粒待用。

2. 将鲜虾肉洗净，用纱布吸干水分，放在砧板上用刀拍扁剁碎，剁至有胶质。然后放入大炖盅中，加入精盐、味精、鸡蛋白，用筷子打成虾胶，再把猪肥肉粒投入搅拌均匀。

3. 将网膀洗净，摊放在砧板上，在网膀面上撒少许生粉，放上烤鳗，在烤鳗上面酿上一层薄虾胶，翻转另一面，也在上面再酿上一层薄虾胶，再在虾胶面上放火腿条、熟蛋白条、香菇条、芫荽叶，然后用网膀包起呈条状，用湿生粉封口待用。

4.烧镬热油，放入袈裟鱼炸透，切件上碟便成。

⚘ 烹法

炸。

◈ 味型

咸鲜味。

⊛ 特点

造型美观、香酥嫩滑甘鲜。

⚬ 性味功效营养

烤鳗性平、味甘，具有补虚赢、祛风除湿的功效。每100克烤鳗中含

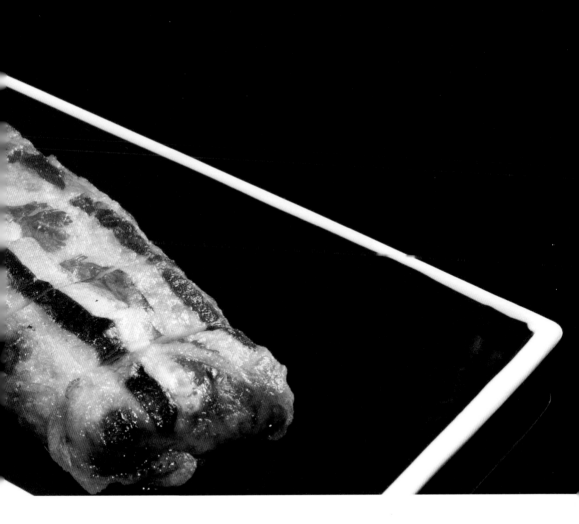

能量958千焦、蛋白质23.7克、脂肪15.0克、胆固醇161毫克、钠65毫克。

虾肉性温、味甘咸，具有补肾兴阳、滋阴熄风的功效。每100克虾肉中含热量498千焦、蛋白质22.8克、脂肪1.7克、胆固醇211毫克、碳水化合物1.5克、钠947毫克。

心得

猪网朥选用完整不破，且要薄而透的，成品时能透出里面的馅料，仿佛披上一层薄薄袈裟，引人食欲。

酿百花鸡

配方

带皮鸡肉500克（选用走地鸡为佳）、鲜虾肉200克（选用海虾取肉尤佳）、鸡蛋1只、猪肥肉50克、食用油50克、上汤50克、湿淀粉10克、精盐4.5克、火腿末25克、芹菜末25克、胡椒粉0.5克。

烹法

蒸。

工艺

1. 带皮鸡肉把近皮部分的肉连皮片开，鸡皮向盘底铺在盘里待用。

2. 将鲜虾肉用刀拍烂，打成虾泥，加入精盐3.5克、鸡蛋白1只量，用筷子使力搅拌，打至成胶，再把猪肥肉切成小粒掺入，拌匀后盖在鸡肉上面，用刀压平，并把芹菜末、火腿末放在上面，分布两边，放进蒸笼用旺火蒸约5分钟即熟，取出用刀切成3.5厘米长、2.5厘米宽的块，放进盘中，摆成长方形。

3. 将上汤加入精盐1克，用湿淀粉10克勾芡后，加入食用油50克拌匀，淋在鸡块上面即成。

◇ 味型

咸鲜味。

☺ 特点

鲜香爽滑，造型美观。

◯ 性味功效营养

鸡胸肉性温、味甘，具有温中补脾、益气养血、补肾益精的功效。每100克鸡胸肉含能量1100千焦、蛋白质14.7克、脂肪15.8克、胆固醇41毫克、碳水化合物15.0克、膳食纤维1.1克、钠451毫克。

虾肉性温、味甘咸，具有补肾兴阳、滋阴熄风的功效。每100克虾肉中含能量498千焦、蛋白质22.8克、脂肪1.7克、胆固醇211毫克、碳水化合物1.5克、钠947毫克。

✎ 心得

20世纪七八十年代人们口中的"百花鸡"就相当于现在的日本干鲍，目前在全国盛行的米其林黑珍珠餐厅所做的菜品很漂亮，但口感口味远不如地道潮菜的精髓。坚守固化标准，要做好"百花鸡"必须选好食材，固化制作工艺，固化定量标准。

干炸虾枣

配方

白虾仁500克、马蹄200克、猪肥肉100克、韭黄200克、面粉50克、鸡蛋2个、盐4克、香油5克、胡椒粉2克、川椒粉1克（约20粒）。

工艺

1. 先将马蹄、猪肥肉都切成0.5厘米方粒，韭黄也切成0.5厘米小段。

2. 部分虾仁和马蹄用脱水机脱水。

3. 将切好的猪肥肉加入1克盐拌匀待用。

4. 脱好水的虾仁用绞肉机绞成虾胶。

5. 将虾胶和虾粒放入盆中，加入盐、胡椒粉，拌匀后甩打至成胶后加入猪肥肉丁、韭黄鸡蛋，再拌匀后加入面粉拌匀，再加入马蹄拌匀。

6. 要炸之前加入川椒粉拌匀，起锅烧油，将油温烧至80℃时就可以将拌好的虾胶挤成每个约40克的丸子进行慢火浸炸，炸至熟透、表面金黄即可。起锅时要将油升到160℃。

♨ 烹法

炸。

◇ 味型

鲜甘香。

🗔 佐料

金橘油。

☆ 特点

微爽富汁，分层留香。

♨ 性味功效营养

大白虾性温味甘，可以补充营养、提供能量、辅助保护牙齿、提高免疫力、辅助预防骨质疏松等功效。每100克大白虾中含能量339千焦、蛋白质17.3克、脂肪0.4克、胆固醇103毫克、碳水化合物2.0克、钠91毫克。

✎ 心得

我20多岁就在师父的师父（刘添）口里听他讲做虾枣："斤半白虾剥肉做一碟。"我师父（罗荣元）接过嘴又说："六两白虾仁、粒鸭蛋、些许面粉、两钱葱、两白肉，六钱菜白……"又把调味来个顺口溜："胡椒麻油味精盐，掺掺均匀了炸成一碟！"老人家凭经验两句东两句西就凑成个菜，当时听到当回事也就学了，后来通过不断改进就成为今天的作品。虾枣有一大目标、三大关键。目标：满口有虾，有虾味微爽有汁。关键：1.粉不能多；2.部分切粒部分拍胶；3.选虾源是关键。这才能做出名品。

干炸虾筒

明虾以春秋两季捕捞为佳，主要产自中国黄海、渤海。

配方

明虾12只、猪肥肉50克、熟火腿10克、湿香菇10克、打匀鸡蛋75克、芫荽叶10克、干面粉50克、面包麸100克、精盐3克、味精5克、胡椒粉1克、芝麻油5克、熟猪油1千克。

工艺

1. 猪肥肉放入沸水煮熟，取出冷却。明虾去掉头、壳、肠，洗净晾干后，逐只用刀划开背部使之成片，以平刀轻拍一下。加入味精、精盐拌匀，约腌2分钟。将猪肥肉、香菇均切成长3厘米，宽、厚各1.5毫米的条（各12条），加入精盐、味精各1.5克拌匀，火腿也同样大小切24条。

2. 将虾肉开口处向上，逐片摊开，把猪肥肉、火腿、香菇条1条横放在虾上面，从尾部向内卷成筒形，逐个粘上干面粉，用鸡蛋液涂匀，再粘上面包麸。

3. 用中火烧热鼎，下猪油烧至五成热，放入虾筒后端离火口，炸浸约5分钟，呈金黄色至熟，倒入漏勺沥去油，再将鼎端离火口，下麻油、胡椒粉，倒入虾筒，炒匀，上盘。

⚗ 烹法

炸。

◇ 味型

咸香味。

▣ 佐料

潮汕甜酱。

✿ 特点

外酥内嫩，虾味浓郁而甘香。

◌ 性味功效营养

明虾性温、味甘咸，具有补肾兴阳、滋阴熄风的功效。每100克明虾中含能量356千焦、蛋白质13.4克、脂肪1.8克、胆固醇273毫克、碳水化合物3.8克、钠119毫克。

✎ 心得

虾大小要求在20—24头（即每斤约20—24条），虾需拍扁，卷筒状时要紧实，料从尾部卷起。炸的方法类似炸吉利。

炸八卦鸡

配方

鸡腿4只（每只约150克，选用走地鸡为佳）、食用油1000克（耗油100克）、去皮马蹄100克、番茄100克、黄瓜100克、鸡蛋2只、肥肉50克、面包麸50克、姜（适量）、葱（适量）、白糖100克、白醋25克、精盐4克、绍酒、麻油、湿淀粉少许。

工艺

1. 将4只鸡腿洗净，用刀从关节处切成8块，顺骨脱肉，一端骨肉相连，把肉修成4厘米宽的圆形待用。

2. 鸡肉经过姜、葱、绍酒、麻油、白糖、味精、精盐腌制10分钟，然后蘸上面粉，拉过蛋液，拍上面包麸。热鼎下油，使油温至160℃，炸至熟即成。

3. 把马蹄、肥肉、姜、葱切幼粒，下鼎炒熟，加入白醋、白糖、麻油、酱油、湿淀粉、包尾油，搅成稀糊作为酸甜酱料，盛入碟中作为佐料，一起上席。

◌ 烹法
炸。

◇ 味型
咸香味。

🗟 佐料
潮汕甜酱。

✪ 特点
酥香可口。

◌ 性味功效营养
鸡腿肉性温、味甘，具有温中补脾、益气养血、补肾益精的功效。每100克鸡腿肉中含能量757千焦、蛋白质16.0克、脂肪13.0克、胆固醇162毫克、钠64毫克。

✎ 心得
成菜要求大小一致，鸡骨竖起。

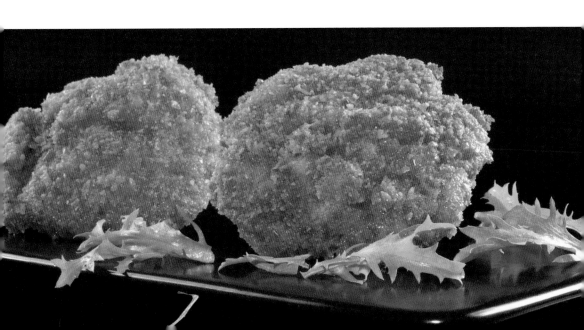

干炸粿肉

配方1

猪颈肉500克、汾酒10克、糯米酒8克、味极鲜8.8克、白糖10克、胡椒粉7.2克、麻油40克、盐5克、老抽8克、味精8克。

配方2

珠葱白500克、马蹄400克、豆贡糖28克、白芝麻40克、冬瓜糖120克、花生500克、猪网油4千克。（约可做330粒）

配方3

薯粉350克、面粉150克、水500克、大油125克、鸡蛋1个。

工艺

1. 先将猪颈肉切成筷子粗、7厘米长的条状后加入配方1提到的调味，拌匀后腌制24小时待用。

2. 葱白用45度斜刀切成3厘米长待用。

3. 马蹄切成0.2厘米条状待用，豆贡糖用刀压碎待用，白芝麻洗干净后炒香后用石臼捣破待用，冬瓜糖切成0.5厘米条状待用，花生烤香后去皮，然后剁碎待用。

4. 将腌好的肉先加入花生碎、芝麻碎、冬瓜糖、豆贡糖、马蹄拌匀后，最后再加入葱白，轻拌匀即可。

5. 包时先将拌好的料按每条200克一份分好，再均匀地捏成长约40厘米的圆柱状后卷起，卷好后撒上一层地瓜粉，再放冷冻定型。

6. 配方3调成浆糊待用。

7. 将冻好的粿肉切成每个4厘米长，托盘先撒上地瓜粉，切好的粿肉放在上面，表面再撒上一层地瓜粉后就可以裹上调好的浆糊用120℃的油温浸炸至熟透、表面金黄即可。

🔥 烹法

炸。

◇ 味型

咸甜。

☆ 特点

外酥内甘香，内香气饱满。

💧 性味功效营养

猪颈肉性平、味甘咸，具有补虚强身、滋阴润燥等作用。每100克猪颈肉中含能量717千焦，蛋白质17.8克，脂肪11.2克，胆固醇58毫克，钠57毫克。

✏️ 心得

干炸粿肉类，汕头、揭阳、潮州各师各法，样样都不错，只能用丰富来形容。其主味有五香味或川椒味，各有特色，主料还是以肉、马蹄、冬瓜册为主；包裹的外衣有猪网油、腐膜、蛋皮。本人作为匠人几十年来非常喜欢研究，一直在寻找几个志同道合的朋友一起挖掘此类"味道"。

高丽肉

配方

厚猪肥肉200克（选用本地猪肉为佳）、面粉100克、瓜册50克、柑饼1块、鸡蛋2个、白糖300克。

工艺

1. 猪肥肉改切成高2厘米、宽5厘米、厚2毫米，两片相连的夹刀片，共切成12件；瓜册、柑饼分别切粗丝。

2. 用大碗盛着白糖，把每件肥肉片内外沾上白糖，然后逐件摆砌进另一餐盘，摆砌整齐并压实，肥肉腌糖时间要达24小时才可使用。

3. 锅下水烧沸，把已腌过糖的肥肉用开水快速烫一下，马上捞起、浸冰水快速捞起成冰肉，再用刀把冰肉的周围修整齐，同时将每件冰肉中间夹上瓜册条、柑饼条，用手稍压实待用。

4. 面粉盛碗内，加入鸡蛋液搅拌均匀成为脆皮浆待用，再将炒锅洗净烧热，倒入生油，待油热至约180℃时，将每件冰肉分别蘸上脆皮浆，放

进油内炸，炸至呈金黄色捞起。

5. 炒锅洗净加50克清水、适量白糖，慢火煮至锅内的糖浆变黏稠，起小泡时，加入葱花，倒入炸好的冰肉，端离火位，用锅铲在锅内进行翻转，翻转至每块冰肉都均匀地粘上糖胶，待糖胶变成白色粉末为止便成。

⟡ 烹法

反砂。

◇ 味型

甜香味。

☺ 特点

甘香酥脆，略带果香。

◌ 性味功效营养

猪肥肉性平，味甘、咸，是人体获得脂肪和热量的主要途径之一。每100克猪肥肉中含能量2619千焦、蛋白质7.1克、脂肪66.1克、胆固醇79毫克、钠56毫克。

✎ 心得

潮菜老师傅是值得我们学习的，一块小小肥膘肉竟然能做出这么好吃的"高丽肉"，它很油又不腻，关键在于腌制肥肉的时间把控得很好！肥肉完全通透，加热后口感就像冬瓜册，配以特制豆沙组合成为馅心，与脆皮一起品尝，一点都不感觉干瘪，再来一杯单丛工夫茶，真是又一新的享受！

荔蓉香酥鸭

📋 配方

卤熟鸭肉300克（可选用菜鸭）、净芋头200克、澄面50克、熟猪油75克、食用油1千克、精盐3克、味精3克、胡椒粉0.1克、五香粉0.1克、麻油0.2克。

⚙️ 工艺

1. 熟鸭肉用刀切一大片，规格约长18厘米、宽12厘米，同时在鸭肉的无皮一面用刀划几下，拍上少许生粉待用。

2. 将芋头洗净切片，放入蒸笼蒸熟，趁热用刀压烂（不能有粒状），压成芋蓉待用。将澄面盛入碗内，用70克沸水冲入，用筷子搅匀，然后用手搓成柔软面团加进芋蓉中，再把精盐、味精、胡椒粉、麻油、五香粉掺入，一起搓至均匀，再把猪油、麻油加入再搓均匀，然后铺在鸭肉上面，压平，压均匀。

3. 将锅洗净烧热，加入生油，油温至约200℃时，将芋蓉鸭平放在铁线笼上，吊放入锅炸至金黄色、表面松脆，即成荔蓉鸭，把荔蓉鸭切成12块装盘即成。

🔥 烹法

炸。

🥢 味型

咸香味。

🔲 佐料

姜葱糊。

⭐ 特点

外表松脆，内嫩香醇。

💧 性味功效营养

鸭肉性寒，味甘、咸，具有滋阴、补虚、养胃、利水的功效。每100克鸭肉中含能量1004千焦、蛋白质15.5克、脂肪19.7克、胆固醇94毫克、碳水化合物0.2克、钠69毫克。

芋头性平，味辛、甘、咸，具有益胃、宽肠、通便、解毒、化痰的功效。每100克芋头中含能量251千焦、蛋白质2.9克、脂肪0.1克、碳水化合物13.0克、不溶性膳食纤维0.3克、钠1毫克。

✏️ 心得

芋头一定要粉糯，炸出的成品才会松脆。

榄仁炒虾

配方

熟虾仁200克、榄仁50克、鲍汁30克、麻油3克、蚝油2克、葱榄10克、辣椒角10克。

工艺

1. 大虾拍上一层薄粉用120℃的油温轻拉一下，榄仁下油中用120℃的油温炸至金黄色，锅中留底油把葱榄煎赤，和辣椒角煸炒香后倒出待用。

2. 锅里放入鲍汁，蚝油推上薄薄芡汁，再把过油好的虾仁放入锅中，炒匀后滴入香油葱榄，加入榄仁干煸即可。

烹法

炒。

味型

咸香。

特点

色味香质俱全、焦嫩鲜爽皆在。

◌ 性味功效营养

　　沙虾性温，味甘、咸，具有补肾壮阳、养血固精的功效。每100克沙虾中含能量389千焦、蛋白质18.6克、脂肪0.8克、胆固醇193毫克、碳水化合物2.8克、钠165毫克。

✎ 心得

　　极佳名品榄仁炒虾一贯被高点评，为保证质量，一定非本港野生沙虾不做。美食到极致时好像佛家所描述"寻觅真我"似的。

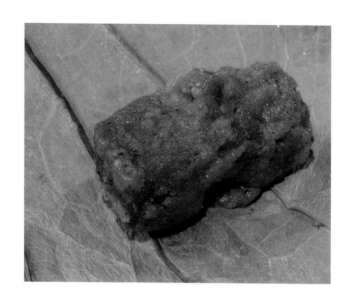

米麸肉

配方

猪肚肉200克（选用本地猪肉为佳）、糙米100克、荷叶2大片、八角2克、桂皮2克、绍酒4克、丁香2粒、腐乳汁5克、豆酱适量、白糖适量。

工艺

1. 将猪肚肉切成12块，荷叶用开水烫软捞起漂凉，剪成12块待用。

2. 把糙米、丁香、八角、桂皮投入炒锅炒酥，取出研碎成粉用筛筛过，再将已切好的肉块用绍酒、腐乳汁、豆酱、白糖腌过。

3. 把荷叶块披在砧板上，将腌过的肉块均匀地蘸上调好的米粉，一块块放在荷叶上面包成方块状放在盘里，然后放入蒸笼，蒸约1小时熟透，取出码入餐盘中，配浙醋2碟上席。

烹法

蒸。

◇ 味型

咸鲜味。

▣ 佐料

浙醋2碟。

✿ 特点

味道香郁,清润爽口。

♦ 性味功效营养

猪肚肉性平,味甘、咸,具有补虚强身、滋阴润燥等作用。每100克猪肚肉中含能量1121千焦、蛋白质17.2克、脂肪22.4克、胆固醇67毫克、钠60毫克。

糙米性温、味甘,具有健脾养胃、补中益气、调和五脏、镇静的功效。每100克糙米中含能量1519千焦、蛋白质7.2克、脂肪2.8克、碳水化合物76.5克、膳食纤维4.6克、钠8毫克。

✎ 心得

炒制米粉时要控制慢火,并使其熟透。

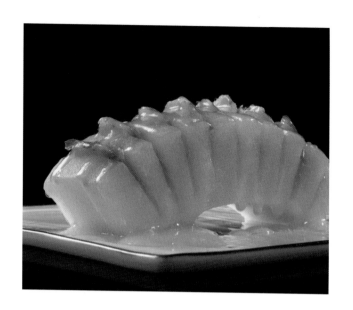

桥节冬瓜虾

冬瓜盛产于8—10月，以广东及中国台湾所产冬瓜尤佳。

配方

冬瓜2千克、明虾干6只、上汤1千克、味精6克、精盐7克，胡椒粉、麻油各少许。

工艺

1. 将冬瓜去皮改切成长方形块，沿着长边每隔1厘米切一刀，深是厚度的4/5，溜过软油，漂洗干净待用。

2. 将明虾干去头、壳，从虾身中间片开成12件，夹进冬瓜刀缝内，再装入大碗内，加味精、精盐、上汤放入蒸笼，蒸至冬瓜软身为度，取出装盘。

3. 原汤倒入镬中，加入精盐、味精调味，煮沸时勾芡淋上便成。

烹法

扣。

◇ 味型

咸鲜味。

⊛ 特点

汤水清新，味道鲜美，肉质软烂。

⬠ 性味功效营养

冬瓜性凉、微寒，味甘、淡，具有清热解毒、利水消痰、除烦止渴、祛湿解暑的功效。每100克冬瓜含能量52千焦、蛋白质0.4克、脂肪0.2克、碳水化合物2.6克、不溶性膳食纤维0.7克、钠2毫克。

虾干性温，味甘、咸，具有补肾兴阳、滋阴熄风的功效。每100克虾干中含能量1037千焦、蛋白质55.8克、脂肪2.4克、胆固醇505毫克、钠4330毫克。

✐ 心得

冬瓜切四方块，火柴盒大小。虾干夹中间，不能用鲜虾，冬瓜要求切"夹刀片"。

老菜脯肉饼

配方

去皮五花肉500克、老菜脯40克、白糖4克、味精4克、生粉4克、面粉4克、大豆油33克，以上的料可做2份250克的成品。

工艺

1. 将五花肉瘦、肥分开出来，分别切成0.3厘米的方粒待用。

2. 老菜脯洗去表面的盐和沙后切成米粒状待用。

3. 将切好的瘦肉加入糖和味精后甩打起胶，加上菜脯碎拌匀，加入肥肉搅拌均匀，再加入生粉和面粉拌匀，最后加入大豆油拌匀，将拌好的半成品平铺在盘子里，放入蒸柜蒸20分钟即可。

烹法

蒸。

味型

咸香。

特点

爽滑夹汁，菜脯味浓。

🜕 性味功效营养

猪五花肉性平，味甘、咸，具有补虚强身、滋阴润燥等作用。每100克猪五花肉中含能量1121千焦、蛋白质17.2克、脂肪22.4克、胆固醇67毫克、钠60毫克。

老菜脯（萝卜干）性凉，味辛、辣，具有化痰降气、止咳平喘的功效。每100克萝卜干中含能量279千焦、蛋白质3.3克、脂肪0.2克、碳水化合物14.6克、不溶性膳食纤维3.4克、钠4203毫克。

✐ 心得

老菜脯是好物件，利水消食，潮汕地区几乎每家人都有老菜脯，蒸肉饼是信手拈来的事，但要蒸得好有三个关键：1.加糖平衡老菜脯的"老"陈起酸；2.搅打起胶增加爽度；3.收水聚鲜留汁。

特别诠释：老菜脯油的"油"是菜脯"汁"非油，是菜脯贮在陶、砂罐或玻璃罐内，经历自然发酵后脱水沉积下来的"汤汁"，人们称之为"油"，揭阳常把菜脯汁用于做白切鸭片佐料。

现代风味菜

酸梅红枣猪尾

配方

猪尾4条（长尾）1千克、猪前腿瘦肉250克、红枣10粒、酸梅膏80克、冰糖20克、白醋5克、生抽5克、老抽2克。

工艺

1. 将猪尾烧洗干净，每条猪尾去头去尾取4段，每段4厘米长，倒入2千克水，中火煮20分钟，取出趁热用老抽上色，放入150℃的油里炸1分钟将其上色，取出放入冰水里泡去焦味，清洗干净待用。

2. 用砂锅加入1200克清水，烧开加入冰糖、瘦肉、生抽、酸梅膏，加入猪尾，煮半小时，加入红枣改用小火煮1小时加入白醋，此时视猪尾红枣交融状态加大火收汁至汁浓稠、尾皱皮、枣肥润胶硬即可。

烹法

煸。

味型

酸甘。

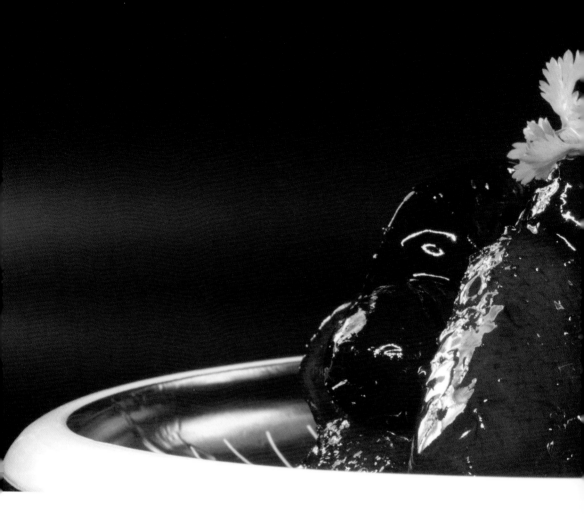

🏵 特点

尾件酸甜、枣稠甘香。

💧 性味功效营养

猪尾性平，味甘、咸，具有补肾、补腰、益血、强壮筋骨的功效。每100克猪尾中含能量1657千焦、蛋白质17.0克、脂肪35.8克、胆固醇129毫克、钠25毫克。

红枣性温、味甘，具有补益脾胃、滋养阴血、养心安神的功效。每100克红枣中含能量1155千焦、蛋白质3.2克、脂肪0.5克、碳水化合物67.8克、不溶性膳食纤维6.2克、钠6毫克。

✎ 心得

煸与口味的关系是有讲究的，它必须随特点而尽煸的责任——此种手法是让厨师懂得司厨之功的意义而做出有仪式感的珍馐，本品够酸够甜够香够糯，枣梅够酸甜味，其实作者已把物间之"和"在投料次序中打下埋伏，最终把作品煸出色味香形的魂。

山楂菊花肉

配方

赤肉500克、青椒150克、番茄酱25克、鸡蛋2只、绍酒5克、白糖200克、白醋40克，精盐、姜、葱、淀粉水各少许。

工艺

1. 青椒切成花瓣形状，放进开水里煮至断生，捞起放入冰水浸凉待用。

2. 将赤肉剞上花刀成菊花状，和入绍酒、白糖和精盐、姜、葱、鸡蛋液拌匀腌制后，拍上生粉，下锅炸至金黄色，码进餐盘中。

3. 将番茄酱放进锅里炒，和入白糖、白醋、淀粉水勾芡淋上，用青椒花瓣点缀即成。

烹法

炸。

味型

糖醋味。

⊛ 特点

肉质酥香，汁味酸甜。

⬡ 性味功效营养

赤肉（猪瘦肉）性平，味甘、咸，具有滋阴、润燥、补血等功效。每
100克赤肉中含能量598千焦、蛋白质20.3克、脂肪6.2克、碳水化合物1.5
克、胆固醇81毫克、钠58毫克。

✐ 心得

猪肉选用肉眼，先冻硬，方便切配，拍粉要均匀，使肉丝不粘连。此
道菜主要造型好看。

糕烧肥羊

配方

羊腩1千克、干生粉15克、湿生粉10克、上汤50克、二汤2.5千克、绍酒25克、生葱25克、味精5克、精盐10克、老抽20克、南姜50克、麻油5克、浙醋25克、酱油5克、甘草1克、川椒末1克、食用油1千克（耗油100克）。

工艺

1. 把羊腩放入盘中，用干生粉15克、老抽10克均匀涂抹在羊腩皮上，起镬下油把羊腩炸至金黄色捞起，炖钵放竹笪垫底，把羊腩放置钵内。

2. 镬里加入二汤、精盐、老抽10克、葱3条、南姜50克、甘草等，滚后连汤带料倒入羊肉钵内，加盖。用木炭炉爗炖，炉火先武后文，直至羊肉软烂为止。取出羊肉，待羊肉冷后，拆去羊的排骨，把羊腩肉改件（长约5厘米、宽约1厘米）摆落盘中，羊皮朝上。生葱15克剁成蓉备用。

3. 用碗装上汤50克、浙醋25克、酱油5克、味精5克、麻油5克、湿生粉10克，开成碗芡。

4. 把羊肉放入蒸笼蒸约1分钟后取出，在羊腩皮表面撒上薄生粉。起锅下油，把羊腩倒入油锅略炸，倒回笊篱。把葱蓉、川椒末炒香，投入羊

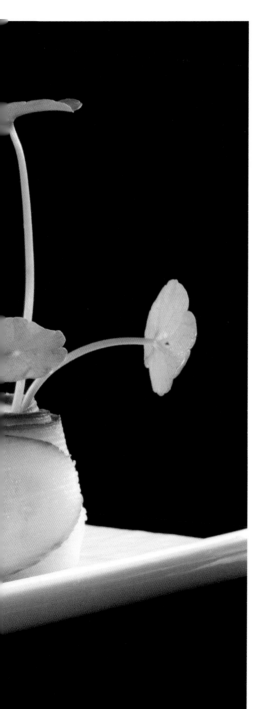

肉炒匀，洒绍酒，加入碗芡汁，待汁收紧后装盘，配2碟潮州甜酱上席。

🔥 烹法

糕烧。

◇ 味型

咸辛味。

🔲 佐料

潮州甜酱2碟。

☆ 特点

香醇嫩滑，不肥腻。

💧 性味功效营养

羊腩性热、味甘，具有健脾和胃、补血益气、祛脂降压的功效。每100克羊腩中含能量769千焦、蛋白质17.8克、脂肪12.6克、胆固醇78毫克、钠66毫克。

✏️ 心得

采用膻味较小的东山羊，焖熟后去骨，放凉后改刀。成品达到软而不烂。

白汁鲳鱼

配方

鲳鱼1条（约750克）、鲜牛奶100克、上汤100克、内酯豆腐1盒、生粉10克、葱条10克、姜片10克、味精4克、精盐5克。

工艺

1. 将鲳鱼去鳞，剖腹去肠、鳃，洗干净，用布抹干内外水分，然后用刀在鱼身起出2片肉，再将肉片成薄片，加姜、葱、味精、盐腌制待用。

2. 内酯豆腐切片放盘底，鱼片卷成卷排放在豆腐上，放进蒸笼蒸3分钟，取出，滗去原汁。

3. 将上汤下锅，加入味精、精盐2.5克和生粉水一起推匀，锅离炉，加入牛奶拌匀后再煮一下，淋在鱼卷上面即成。

烹法

煮。

味型

奶香味。

⊛ 特点

肉质清鲜，又有牛奶香味。

◌ 性味功效营养

鲳鱼性平、味甘，具有补脾、益胃、益气等功效。每100克鲳鱼中含能量586千焦、蛋白质18.5克、脂肪7.3克、胆固醇77毫克、钠62毫克。

✎ 心得

鲜牛奶加入蛋白，鱼蒸熟后淋在上面，成品呈乳白色，选料的时令性较重要，鲳鱼10月开始较精瘦。

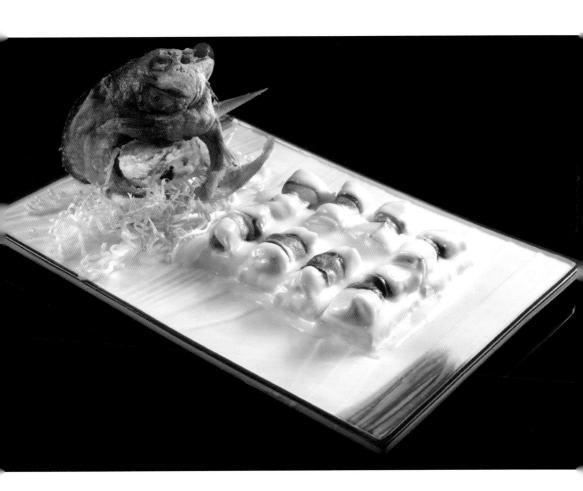

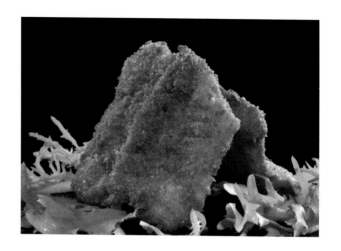

吉列乌耳

配方

白鳝一段250克、克力架咸饼干200克、面粉100克、鸡蛋3只、胡椒1克、麻油2克、味精1克、盐1克、生抽2克、糖12克、姜片10克、葱段5克、曲酒3克、花椒5克。

工艺

1. 取件腌制：将白鳝腺状物去干净，去中骨片成3厘米×6厘米12片，每片用刀刃以十字花刀法锲，再用刀背剁锤至4厘米×7厘米，加入调料和半只鸡蛋腌20分钟。

2. 挂糊上浆：将饼干捣碎（比粉粗）入平盘，面粉入平盘，鸡蛋打破加入50克水，把腌好的鳝片平封压面粉，拉蛋液平封压上饼干碎，依次完成12件的操作。

3. 炸鳝：锅加1500克调和油加热至150℃，把鳝片一起下锅，一次性成形起锅装盘即可。

烹法

吉列炸。

味型

咸香。

佐料

金橘油。

特点

外肴（方言用词，指密度很低）酥香、内嫩有汁。

性味功效营养

白鳝性平、味甘，具有补虚赢、祛风除湿的功效。每100克白鳝中含

能量757千焦、蛋白质18.6克、脂肪10.8克、胆固醇177毫克、碳水化合物2.3克、钠59毫克。

✏️ 心得

吉列是烹调法中的软炸一种，本来是应用面包糠为主也容易操作，缺点是较为硬性。本人一贯喜欢用饼干较为柔性，成形后内外口感一致，既不违烹调原则，口感也特别。引用古烹调文化给专业人士作借鉴，古烹调法物无定味适口者珍，这就是文化。

烹饪文化之论盐

若作和羹，尔惟盐梅。——《尚书》

如果我做汤羹，你就是必不可少的盐和梅。

醯醢之美，而煎盐之尚，贵天产也。——《礼记》

以醋调制的肉酱虽然味美，而祭礼陈列祭品却把大盐放在肉酱的前面，看重的是大盐乃天然的物产。

凡药，以酸养骨，以辛养筋，以咸养脉，以苦养气，以甘养肉，以滑养窍。——周公旦《周礼》

凡是用药，要以酸味的药补养骨骼，以辛味的药补养筋腱，以咸味的药补养血脉，以苦味的药补养脏气，以甘味的药补养肌肉，以滑石通利孔窍。

古人调鼎，必曰盐梅。知五味以盐为先。盐不鲜洁，纵极烹饪无益也。——〔清〕朱彝尊《食宪鸿秘》

古人烹调食物，一定需要使用盐和梅。要知道，五味以盐为首。盐不新鲜清洁，即使极尽烹饪的技艺，也是枉然。

酸甘辛苦可有可无，咸则日所不缺；酸甘辛苦，各自成味，咸则能滋五味。——〔清〕章穆《调疾饮食辩》

酸甘辛苦四味可有可无，而咸味却是日常所不可缺少的；酸甘辛苦，各自独立形成独特的味道，而咸味则能滋养五味。

夫盐为食肴之将。——〔汉〕班固《汉书·食货志》

盐是食物菜肴的将帅。

五味之中，惟此（盐）不可缺。——〔南北朝〕陶弘景

五味当中，唯有盐不可或缺。

口之于味也，辛酸甘苦，经年绝一无恙，独食盐，禁戒旬日，则缚鸡

胜匹，倦怠恢然。岂非天一生水，而此味为生人生气之源哉？ ——〔明〕宋应星《天工开物》

　　人们对于辛、酸、甜、苦四种口味，无论常年缺少哪一种都不会生出疾病。唯独食盐，若是十天不吃的话，就会变得手无缚鸡之力，疲乏困倦像是生病了。这难道不正是说明自然界首先孕育出了水，而水中的咸味因此成为人类体力精气的来源吗？

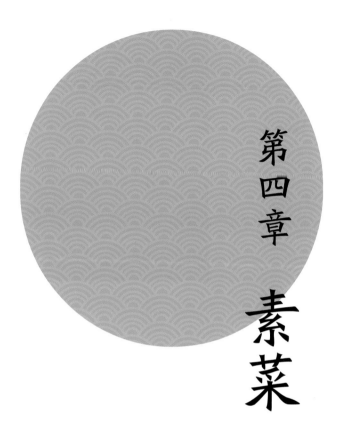

第四章 素菜

　　素菜有别于斋菜，厨俗有一语，"做素菜必须遵循见味不见物"，意思是说素菜是高出于蔬茎的任何烹调法，是用可以提取出水解蛋白的任何动物原材料辅佐蔬菜、根茎烹制过程，让其吸取鲜味达到预期的成品菜，又为彰显素菜的素雅而肉类食材已成糟粕不配上席，加上素菜在每桌筵席中所处地位，食家们已有七七八八的饱腹感，更体现出菜品质和尊贵。故再好的拌料也应去净才称得上素菜。

传统素菜

罗汉素菜

配方

本地白菜500克、鲜栗子25克、笋干20克、发菜5克、香菇25克、炸面筋25克、上汤400克、味精5克、麻油3克、胡椒粉2克、淀粉10克。

工艺

1. 白菜洗净切段，香菇、笋干、发菜泡发后洗净待用。

2. 白菜、笋干、香菇、栗子分别放进油锅里，用温油溜炸过捞起，再放在锅里和入味料、上汤、发菜，先旺火后慢火约炆30分钟取出，逐样码进碗里，用原汤和薄淀粉水勾芡淋上即成。

烹法

焖。

味型

咸鲜味。

多彩美观，香滑可口。

◇ 性味功效营养

白菜性平、味甘，具有消食下气、清热除烦的功效。每100克白菜中含能量51千焦、蛋白质0.9克、脂肪0.2克、碳水化合物4.0克、膳食纤维2.3克、钠42毫克。

栗子性温、味甘，具有养胃健脾、补肾壮腰、强筋活血、止血消肿等功效。每100克栗子仁中含能量727千焦、蛋白质4.5克、脂肪1.5克、碳水化合物45.7克、膳食纤维10.2克、钠9毫克。

笋干，性寒、味甘，具有解暑热、清脏腑、消积食、生津开胃、滋阴益血、化痰、去烦、利尿等功效。每100克笋干中含能量1180千焦、蛋白质26.0克、脂肪4.0克、碳水化合物57.1克、不溶性膳食纤维43.2克、钠1毫克。

发菜性凉、味甘，具有清热去湿、止咳化痰、软坚消滞、顺肠理肺、利尿解毒的功效。每100克发菜中含能量1082千焦、蛋白质20.2克、脂肪0.5克、碳水化合物60.8克、不溶性膳食纤维35.0克、钠101毫克。

香菇性平、味甘，具有补脾胃、益气补肾、清热化痰等功效。每100克香菇中含能量1148千焦、蛋白质20.0克、脂肪1.2克、碳水化合物61.7克、钠11毫克。

✎ 心得

这道菜需用好汤制作，是潮菜素菜荤做的代表作，也是筵席中的好意头菜。

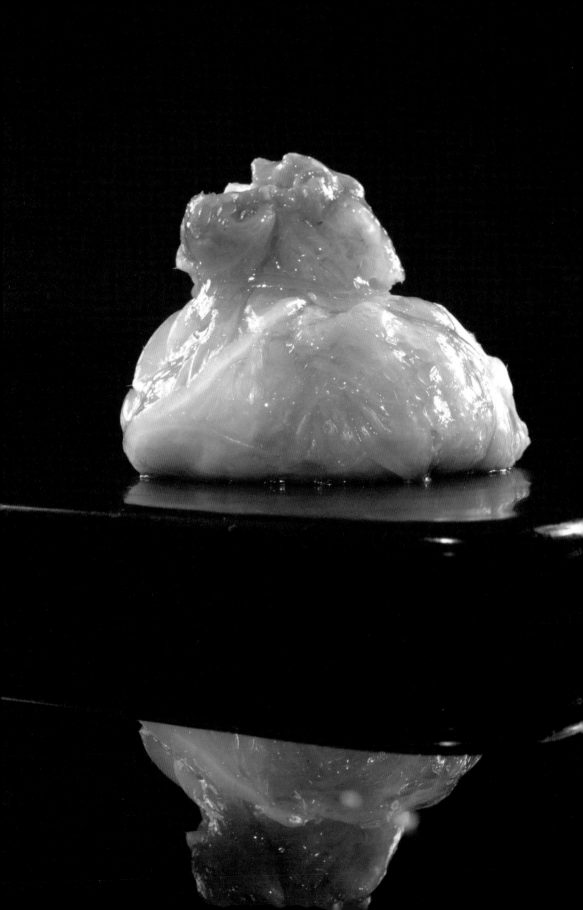

石榴白菜

配方

本地白菜叶10瓣、野生沙虾肉180克、前腿瘦肉180克、肥膘肉20克、葱末2克、盐2克、生抽1克、胡椒粉2克、味精1克、芝麻1克、鸡蛋1个、10厘米芹菜丝12根。

工艺

制馅：

1. 将前腿瘦肉、肥膘肉切成0.3厘米见方，加入1克盐用手和匀，反复摔打至起胶黏待用。

2. 沙虾去肠洗净，吸干水分，拍成半泥状，加入1克盐搅匀待用。

3. 将步骤1加步骤2再加入葱末，所有调料拌匀后再加入鸡蛋清拌匀，分成12等份成馅料。

成形：

1. 把白菜叶飞水至软，用冰水漂凉，并用布吸干水分待用；

2. 将飞水过的白菜叶去掉茎部硬瓣，叶面贴盘，叶背撒上薄生粉放上馅料，四周提起捏紧，用芹菜丝像扎捆布袋一样扎成石榴形状，收口处用剪刀收剪整齐待用。

烹制：

将石榴白菜放入已造形的盘里，入蒸柜，猛火蒸5分钟，淋上用清高汤制成玻璃芡即可。

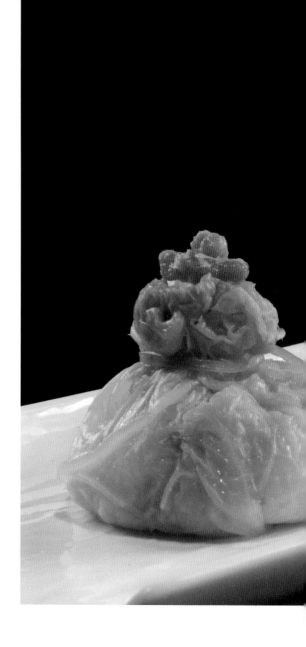

⏻ 烹法

蒸。

◇ 味型

清鲜香味。

✪ 特点

清鲜爽滑，形似翠玉石榴。

○ 性味功效营养

白菜性平、味甘，具有消食下气、清热除烦的功效。每100克白菜中含能量51千焦、蛋白质0.9克、脂肪0.2克、碳水化合物4.0克、膳食纤维2.3克、钠42毫克。

沙虾性温，味甘、咸，具有补肾壮阳、养血固精的功效。每100克沙虾中含能量389千焦、蛋白质18.6克、脂肪0.8克、胆固醇193毫克、碳水化合物2.8克、钠165毫克。

✎ 心得

极其简单的作品，可列入最高端的潮菜盛宴。菜品关键在于各个环节的调节，摔肉搅拌一定要加点盐，使肉身在食用时爽口无渣，增大弹性，吸住原肉身上的水分，阻止鲜味外溢，所以烹饪时一定要猛火以保持白菜的玉韵。

绣球白菜

📋 配方

白菜1千克、鸡腿肉200克、鸡腱100克、后腿瘦猪肉300克、厚香菇25克、虾米10克、干贝10克、熟火腿15克、生油750克、上汤500克、咸草4条、胡椒粉0.5克、味精5克、生粉15克、精盐10克。

工艺

1. 将白菜洗净放入已烧开水的深锅，注意水要没过白菜，用中火煮2分钟再用冰清水漂凉，将白菜顺势依次向外披开形成双层葵花状，修齐待用。

2. 将鸡腿肉去骨去筋，花刀再用刀背剁松、切成边长2厘米的菱形加调料炒熟；鸡腱去膜去底硬皮，切成大丁炒熟；香菇洗净泡透改二指方件炒香；火腿改成2厘米蒸透放入80℃油温浸炸2分钟；干贝洗净拉油；虾米去肠去沙洗净拉油；最后将半成品入鼎中调味勾芡成馅待用。

3. 步骤1中的白菜放入中号品锅，中间围拢勿有缝隙防止漏馅，撒上生粉放上馅料后，白菜瓣依次把馅料包实，用咸草扎紧，留下草执子，供取整件用，放进六成热油锅炸透捞起。用砂锅1个，锅里放上竹篾片，放入白菜，加入上汤，先以旺火后转小火炖1小时左右取出，将原汤加味精，淀粉水勾芡淋上即成。

烹法

炯。

味型

咸鲜。

特点

纯鲜入味。

白菜性平、味甘，具有消食下气、清热除烦的功效。每100克白菜中含能量51千焦、蛋白质0.9克、脂肪0.2克、碳水化合物4.0克、膳食纤维2.3克、钠42毫克。

鸡腿肉性温、味甘，具有温中补脾、益气养血、补肾益精的功效。每100克鸡腿肉中含能量757千焦、蛋白质16.0克、脂肪13.0克、胆固醇162毫克、钠64毫克。

虾米性温，味甘、咸，具有补肾壮阳，通乳抗毒、养血固精、化瘀的功效。每100克虾米中含能量828千焦、蛋白质43.7克、脂肪2.6克、胆固醇525毫克、钠4892毫克。

干贝性温，味甘、咸，具有滋阴补肾、和胃调中等功效。每100克干贝中含能量1105千焦、蛋白质55.6克、脂肪2.4克、胆固醇348毫克、碳水化合物5.1克、钠306毫克。

心得

绣球白菜质量关键在造型锁味时一定要扎实，使内馅外菜的本味不外溢，使之保住原汁原味，焖炖的汤汁要控制到没有多余的汤汁剩下。

火腿芥菜

芥菜盛产于冬季。火腿以浙江金华火腿最负盛名。

配方

芥菜750克、火腿片50克、赤肉250克、猪油150克、盐4克、味精3克、白糖3克。

工艺

1. 将芥菜心用刀切成两半洗净，用开水加食用碱煮后漂冷水去碱味，晾干待用。

2. 炒锅开火下油，候油温六成左右时把芥菜放入锅里溜炸过，和入上汤、火腿片、精盐，先用旺火后慢火炖至芥菜烂时捞起，盛在炖盅里，加入原汤、味料，检查汤的咸淡，并将火腿摆在上面即可。

烹法

焖。

味型

咸鲜。

☆ 特点

火腿香醇入味、芥菜鲜甘醇馥。

◌ 性味功效营养

大芥菜性温、味辛，具有宣肺化痰、利气温中、明目利膈的功效。每100克芥菜中含能量128千焦、蛋白质2.9克、脂肪0.4克、碳水化合物4.7克、不溶性膳食纤维1.7克、钠32毫克。

火腿性温，味甘、咸，具有健脾开胃、生津益血、滋肾填精之功效。每100克火腿中含能量1331千焦、蛋白质16.4克、脂肪28.0克、胆固醇98毫克、碳水化合物0.1克、钠233毫克。

✎ 心得

素菜要做得好比荤菜难得多！而每一个时代，美食家对美的要求有不同的升级，所谓美不是任性，而是公理。过去追求浓香入味，不时不食；现在追求鲜香淡雅，最优而食。值得我们革进！

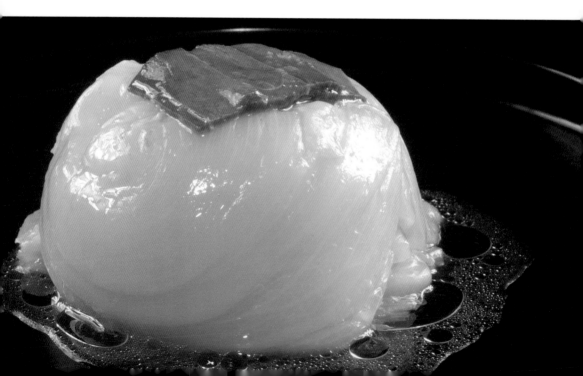

玉枕白菜

📋 配方

　　白菜500克、瘦猪肉150克、虾仁150克、马蹄30克、发好的香菇15克、生油500克（耗油100克）、方鱼末10克、鸡蛋3个、精盐3克、味精2克、白糖2克、胡椒粉0.5克。以上材料可做20个。

⚙️ 工艺

　　1. 将白菜叶取出软叶部分，飞水后漂过清水后沥干水待用。

　　2. 将猪肉、虾肉剁成蓉，马蹄、香菇切成末，方鱼也剁成蓉，然后将所有的料拌匀后加入调味拌匀待用。

　　3. 将白菜瓣披开撒上干淀粉，把肉馅放在菜叶上面，包成3厘米长方形小枕包，蘸上蛋液，在油鼎里溜炸3分钟，沥干油分，再焖10分钟取出，码在盘里，把原汤勾芡淋上即可。

🔥 烹法

　　蒸。

◇ 味型

　　咸鲜。

翠玉滑嫩、鲜爽有汁。

◌ 性味功效营养

白菜性平、味甘，具有消食下气、清热除烦的功效。每100克白菜中含能量51千焦、蛋白质0.9克、脂肪0.2克、碳水化合物4.0克、膳食纤维2.3克、钠42毫克。

对虾性温、味甘、咸，具有补肾壮阳、养血固精的功效。

香菇性平，味甘，具有补脾胃、益气补肾、清热化痰等功效。每100克香菇中含能量1148千焦、蛋白质20.0克、脂肪1.2克、碳水化合物61.7克、钠11毫克。

方鱼（鳊鱼、鲂鱼）性平、味甘，具有调胃健脾、利水降压的功效。每100克方鱼末含能量774千焦、蛋白质20.9克、脂肪11.3克、胆固醇79毫克、钠90毫克。方鱼以夏季最为肥美，主要分布中国长江中下游附属中型湖泊。

✎ 心得

质量优选是一个菜品的支柱。王枕白菜的关键点：1. 白菜碧玉软烂有肉感；2. 馅清爽鲜香味突出；3. 芡汁清鲜不油腻。因玉枕白菜为素菜，就要素得有特点。

现代素菜

四宝芥菜

　　潮汕包心大芥菜盛产于冬季。苦笋在粤北、粤东地区，闽东地区和四川宜宾地区非常多，收获期为每年的1月到4月左右。

配方

　　大芥菜1.5千克（2大个）、羊肚菌8个30克、豆干8片120克、苦笋修净8片120克、浓高汤500克、盐4克、味精3克、白糖2克、鸡油10克、调和油1千克。

工艺

　　1. 将大芥菜取厚瓣肉厚部分8件飞水漂凉；苦笋取整心飞水漂凉，用60度斜刀改成3厘米×7厘米厚件；羊肚菌洗净、发透、揉干，用鸡油轻煎；豆干斜刀改3厘米×7厘米，用180℃油温快炸，捞起待用。

　　2. 取小鼎、竹篾片码上芥菜、豆干、羊肚菌、苦笋，灌入高汤、盐2克，用猛火烧开改慢火用焖至柔稠装盘造型即可。

◌ 烹法

　　炆。

◇ 味型

　　咸香。

⊕ 特点

　　蔬菌甘和、柔爽并茂。

◌ 性味功效营养

　　大芥菜性温、味辛，具有宣肺化痰、利气温中、明目利膈的功效。每100克芥菜中含能量128千焦、蛋白质2.9克、脂肪0.4克、碳水化合物4.7克、不溶性膳食纤维1.7克、钠32毫克。

　　羊肚菌性平、味微苦，具有和胃消食、理气化痰的功效。每100克羊肚菌中含能量130千焦、蛋白质3.1克、脂肪0.6克、碳水化合物5.1克、膳食纤维2.8克、钠21毫克。

　　豆干性温，味甘、淡，具有益气养阴、健脾和胃、滋补肾阴的功效。每100克豆干中含能量592千焦、蛋白质16.2克、脂肪3.6克、碳水化合物11.5克、不溶性膳食纤维0.8克、钠76毫克。

　　苦笋性寒、味苦，有清热利尿、活血祛风的功效。每100克苦笋中含能量106千焦、蛋白质2.4克、脂肪0.1克、碳水化合物5.1克、不溶性膳食纤维2.8克、钠6毫克。

✎ 心得

　　素菜素得只见蔬、菌、茎、豆，素本简朴。品出质融味彰的传统臻韵，本地芥菜、普宁豆干、棉湖苦笋、甘肃羊肚菌，堪称"四宝"芥菜。

红焖苦瓜

苦瓜被誉为"潮菜三宝"之一，常年均有供应，7月是食用苦瓜的最佳季节。

配方

苦瓜750克（2条）、酸菜50克、蒜头50克、浓高汤300克、清水100克、老抽2克、白糖3克、味精3克。

工艺

1. 将苦瓜改刀成8块5厘米×8厘米的长方形待用；酸菜取叶子和茎相间部分，然后片成指甲般大待用；蒜头去头尾待用。

2. 将苦瓜飞水漂冷后，再用120℃的油温将其炸至通透待用；蒜头用少量的油煎至金黄色，把蒜头、油分装待用。

3. 将酸菜放入锅中炒香炒出酸味，放入苦瓜、蒜油、高汤、糖，用大火烧1分钟，改中小火烧20分钟，此时加入炸好的蒜头可装盘。

烹法

炆。

◇ **味型**

酸苦甘味。

⊗ **特点**

甘醇柔嫩，软而不扒。

◇ **性味功效营养**

苦瓜性寒、味苦，具有清热、明目、利尿、清心、壮阳的功效。每100克苦瓜中含能量91千焦、蛋白质1.0克、脂肪0.1克、碳水化合物4.9克、不溶性膳食纤维1.4克、钠2毫克。

酸菜性平，味酸、咸，具有开胃助消化的功效。每100克酸菜中含能量62千焦、蛋白质1.1克、脂肪0.2克、碳水化合物2.4克、不溶性膳食纤维0.5克、钠43毫克。

蒜头性温、味辛，具有温中消食、暖脾胃、消积解毒、杀虫的功效。每100克蒜头中含能量598千焦、蛋白质5.6克、脂肪0.1克、碳水化合物30.0克、膳食纤维0.9克。

✎ **心得**

红炆苦瓜要做出"狠"，除酸苦甘外，要做得很够火，够火不止是烂和很烂，这还不够，要让它烂过后返硬才叫"狠"！很多厨师想不到也下不了手，这才叫"心得"。

菜脯焗冬瓜

配方

冬瓜480克、菜脯50克、蒜头50克、清高汤200克、蒜头油10克、味精3克、白糖3克。

工艺

1. 将冬瓜切成14粒3.5厘米的正方形，菜脯切成14条1厘米×3.5厘米见方长条待用，蒜头去头尾、轻拍破待用。

2. 将切好的菜脯条加入200克清高汤，放入蒸柜蒸10分钟待用；蒜头用150℃的油温炸至表面起泡浅黄捞起待用；将冬瓜飞水后漂冷，再用100℃的油温浸拉至通透待用。

3. 将蒸好的菜脯和汤放入锅中，加入白糖、冬瓜和蒜油用中火烧开后转小火，加入炸好的蒜头煮至收汁且冬瓜软柔，再推上薄芡装盘。

烹法

炆。

味型

咸鲜香。

☆ 特点

四味合一，蛋白鲜，萝卜香，蒜香，冬瓜香。

◌ 性味功效营养

冬瓜性凉、微寒，味甘、淡，具有清热解毒、利水消痰、除烦止渴、祛湿解暑的功效。每100克冬瓜含能量52千焦、蛋白质0.4克、脂肪0.2克、碳水化合物2.6克、不溶性膳食纤维0.7克、钠2毫克。

菜脯（萝卜干）性凉，味辛、辣，具有化痰降气、止咳平喘的功效。每100克萝卜干中含能量279千焦、蛋白质3.3克、脂肪0.2克、碳水化合物14.6克、不溶性膳食纤维3.4克、钠4203毫克。

蒜头性温、味辛，具有温中消食、暖脾胃、消积解毒、杀虫的功效。每100克蒜头中含能量598千焦、蛋白质5.6克、脂肪0.1克、碳水化合物30.0克、膳食纤维0.9克。

✐ 心得

一个鼎、一支勺、一把刀做出一道极致家常的珍馐，其中蒜头投入的时间点和火候很重要，先投成品呈酸味，晚投味不足，有时候越是普通越难出彩，优秀的成品又可做高档的接待，真是"三好"菜！

七样羹

配方

修净菠菜100克（去红头，叶切7厘米）、白萝卜100克（切7厘米长条）、春菜100克（切7厘米长段）、西芹100克（切7厘米长条）、芥菜100克（切7厘米长条）、小白菜心100克（切7厘米长）、苦笋100克（切7厘米长）、清高汤500克、盐6克、味精3克、调和油50克、清水3千克。

工艺

1. 将菠菜等7样净菜，放入3000克烧开的清水中，并加入调和油，依次飞水捞上，放入冰水漂凉，沥挤去水分待用。

2. 取砂锅，灌入清高汤，加入3克盐，放入苦笋条、芥菜条、萝卜条煲10分钟，再加入春菜煮5分钟，再加入菠菜、芹菜、小白菜心煮5分钟，调入剩余盐和味精即成。

烹法

煲。

味型

咸鲜。

🔲 佐料

胡椒粉。

☆ 特点

清鲜甘和、翠玉软滑。

💧 性味功效营养

菠菜性凉、味甘，具有养血止血、敛阴润燥的功效。每100克菠菜中含能量116千焦、蛋白质2.6克、脂肪0.3克、碳水化合物4.5克、不溶性膳食纤维1.7克、钠85毫克。

白萝卜性凉，味甘、辛，具有清热生津、凉血止血、下气宽中、消食化滞、开胃健脾、顺气化痰的功效。每100克白萝卜中含能量94千焦、蛋白质0.9克、脂肪0.1克、碳水化合物5.0克、不溶性膳食纤维1.0克、钠62毫克。

春菜性凉，味甘、苦，具有清热解毒、利尿消肿、降血压、抗氧化等功效。每100克春菜中含能量69千焦、蛋白质1.8克、脂肪0.4克、碳水化合物2.0克、不溶性膳食纤维1.2克、钠29毫克。

西芹性凉、味甘，具有平肝清热、祛风利湿的功效。每100克西芹中含能量51千焦、蛋白质0.6克、脂肪0.1克、碳水化合物4.8克、膳食纤维2.6克、钠313毫克。

芥菜性温、味辛，具有宣肺豁痰、利气温中、明目利膈的功效。每100克芥菜中含能量128千焦、蛋白质2.9克、脂肪0.4克、碳水化合物4.7克、不溶性膳食纤维1.7克、钠32毫克。

小白菜性平、味甘，具有消食下气、清热除烦的功效。每100克白菜中含能量43千焦、蛋白质1.4克、脂肪0.3克、碳水化合物2.4克、膳食纤维

1.9克、钠132毫克。

苦笋性寒、味苦，具有清热利尿、活血祛风的功效。每100克苦笋中含能量106千焦、蛋白质2.4克、脂肪0.1克、碳水化合物5.1克、不溶性膳食纤维2.8克、钠6毫克。

心得

七样羹是潮人乃至海外潮属人士一提起人人皆知的老传统菜，可随口说出"七样羹食老变后生"，即食用七样羹变年轻。一句俗话，其实隐藏着养生知识。大潮汕自古逢年过节迎来亲朋好友，从大年三十晚至正月初六都是好酒好菜、好鱼好肉，此时各家各户会来一个"七样羹"，大量粗纤维、维生素清理沉积在体内的油腻，提高身体免疫力，因而留下来一道传统菜。本菜品在此升级，酸苦甘味，为了更健康的清鲜甘和，体现极致潮味！

烹饪文化之论糖

有取鲜必用冰糖者。——〔清〕袁枚《随园食单》

有的食物需要取鲜，必用冰糖调和。

然求色不可用糖炒，求香不可用香料。一涉粉饰，便伤至味。——〔清〕袁枚《随园食单》

然而，要令菜肴颜色美艳，不可用糖炒，追求菜肴美味鲜香，不可用香料。烹调时一旦刻意粉饰，便会破坏食物的美味。

气至于芳，色至于艳，味至于甘，人之大欲存焉。芳而烈，艳而艳，甘而甜，则造物有尤异之思矣。世间作甘之味，什八产于草木，而飞虫竭力争衡，采取百花，酿成佳味，使草木无全功。孰主张是而颐养遍于天下哉？——宋应星《天工开物·甘嗜》

气味最好芬芳，颜色最好艳丽，味道最好清甜爽口，这都是人本来就存在的欲望。芳香并且浓烈，美丽并且鲜艳，可口并且甜蜜，这是造物主对此做出的特别安排。世上制作甜味的原料，八成取之于草木，但蜜蜂也拼尽全力争夺，采集百花酿成蜂蜜，使草木无法独占功劳。究竟是什么在掌控这一切而让天下的人普遍受益呢？

春尽，采松花和白糖或蜜作饼，不惟香味清甘，自有所益于人。——赵嘏《万花谷》

春末时节，采集松花和白糖或蜂蜜制作饼，不但香味清新甘甜，而且对人也有好处。

柳下惠见饴，曰：可以养老。盗跖见饴，曰：可以黏牡。见物同，而用之异。——刘安《淮南子·说林训》

柳下惠看到饴糖，就说："可以奉养老人。"盗跖看见饴糖，就会说："可以粘门上的锁钥。"所见的食物相同，而用法大有差异。

凡饴蔗，捣之入釜，径炼为赤糖，赤糖再炼燥而成霜，为白糖，白糖再锻而凝，则曰冰糖。——王世懋《闽部疏》

凡是饴蔗，捣碎放入锅中，直接炼制成红糖，红糖再次炼制干燥后成霜色的白糖，白糖再次锻造凝炼，就是冰糖。

饴饧，用麦蘖或谷芽同诸米熬煎而成。古人寒食多食饧，故医方亦收用之。——李时珍《本草纲目》

清糖稠糖（糖之清者曰饴，稠者曰饧），可以用麦蘖或谷芽与米一同煎熬。古人在寒食节经常食用稠糖，所以医药方子也收录了这个方法。

凡做甜食，先起糖卤，此内府秘方也。——高濂《遵生八笺》

但凡是要做甜食，必先开始做糖卤，这是内府的秘方。

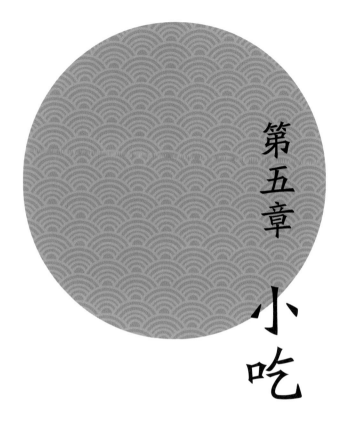

第五章

小吃

　　谈起小吃，先从点心谈起。记得我的小点心启蒙老师林瑞鹏先生当年跟我们上课说过，点心是由淀粉、蛋、糖、膐、植物籽仁构成。1983年至今，这句话一直就像先生站在我眼前说的一样，历历在目。潮汕地处北回归线的地理位置，土地肥沃，物产丰富，依山靠海，海产、山货、陆生，应有尽有。一碗吃剩的粥可变成一个鲎粿……潮汕以粿著称，既可解决三餐，改进后又可作为小吃，一切都是从民间演变过来的。

传统小吃

鼠壳粿

配方

皮：鼠曲草茸75克、糯米粉250克、红糖25克、盐3克、清水200克。

馅：花生米150克、黑芝麻50克、白芝麻150克、白糖75克、冬瓜糖25克、糕粉15克、清水40克。

工艺

1. 初加工清洗：干鼠曲草绒洗净，扭干水分；花生米炒香脆去皮后碾碎；白芝麻、黑芝麻分别洗干净，沥干水后炒香、碾碎；糖冬瓜切成米粒状。

2. 制皮：将洗净滤干的鼠曲草茸加入盐、200克饮用水、红糖，一起熬煮至出味，捞净渣物、扭干，用刀剁碎，返锅烧开，再倒入糯米粉，快速搅匀倒到案板搓制成团待用。

3. 制馅：将花生碎、白芝麻碎、黑芝麻碎、白糖、糖冬瓜粒搅拌均匀

后，加入40克清水继续搅拌，再均匀撒上糕粉拌匀成馅待用。

4. 包粿：将皮平均分成20克/份，馅分成25克/份，把皮擀成中间厚四周薄，包入馅料，捏成三角形，用小号桃粿模印成小桃粿形，放在抹油的香蕉叶上，放入蒸柜蒸6分钟即可。

⚙ 烹法

煎。

◇ 味型

甘香。

✩ 特点

外甘微苦、内柔软香。

⚬ 性味功效营养

糯米粉性温、味甘，具有补中益气、健脾养胃、止虚汗的作用。每100克糯米粉中含能量1464千焦、蛋白质7.3克、脂肪1.0克、碳水化合物78.3克、不溶性膳食纤维0.8克、钠2毫克。

鼠曲草（鼠麴草）性平、味甘，对脾胃虚弱、消化不良和肺虚咳嗽等具有一定疗效。

✎ 心得

记得我几岁的时候妈妈不时带我到外婆家，每次总是带点吃的去孝敬老人，老人总是乐呵呵，谈话间常常谈着"酒壳粿"真好吃（潮阳口音）。之后妈妈总挂在心上，恰好我家有个第五叔父住汕头岐山乡，他家做的鼠壳粿一流好吃，但一年只有正月初五才送十来个，妈妈尽孝留了八个送外婆。后来才知道只有澄海外砂岐山一带才流行，据说叔父家的鼠壳粿有"玄机"——加了老熟地。

姜薯寿桃

配方

净姜薯500克、幼糖55克、面粉50克、黑豆沙80克。

工艺

1. 将整姜薯装入竹筐，放进蒸柜，用大火蒸20分钟熟透取出，用绞薯泥机绞成泥后待用。

2. 面粉也同样干蒸15分钟后取出待用。

3. 将姜薯泥加入幼糖揉至糖化后分多次加入蒸熟的面粉和匀，压匀后分成8等份，每份约70克待用。

4. 豆沙分成8等份，每份约10克。

5. 把每粒姜薯团压扁成中间厚、四周薄、6厘米直径，包上豆沙球成圆球形状，用拇指和食指间的虎口捏成水蜜桃状，再在背面自上向下切上一刀，喷上枣红色的色素水就像"寿桃"了，放入蒸柜用中火蒸8分钟即可。

烹法

蒸。

◇ 味型

清甜。

⊛ 特点

清香甘醇、绵软顺滑。

◌ 性味功效

姜薯性温、平，味甘，具有温肺、益乳、益肝、健脾、和胃、补肾、润肠、养颜护肤、通血的作用。

✎ 心得

姜薯是潮汕的特产，甜咸皆宜，老少喜欢，百食不厌，助力消化系统健康有功劳！20世纪七八十年代南洋华侨回潮汕探亲，潮人回礼最厚敬者，就是备一筐满满的姜薯，以示至高之礼！

槟醅粿

皮：熟糯米粉500克、糖100克、水480克。

馅：干绿豆畔250克、柑饼90克、花生碎150克、白芝麻50克、槟醅粉175克、幼糖250克、芫荽叶30克、腐皮3张。每个55克，可做30个。

工艺

1. 绿豆蒸熟后，慢火炒干水分后，打成粉待用。

2. 花生米烤至香脆后去皮，打成粉待用。

3. 白芝麻炒香后打成粉待用。

4. 柑饼切成薄片待用。

5. 将处理好的绿豆粉、花生粉、芝麻粉加入槟醅粉、幼糖，拌匀后做成馅待用。

6. 将500克糯米粉放在盆中，再将480克的水加入100克的糖煮开成糖水，然后冲在糯米粉里，搅拌均匀后揉成皮待用。

7. 将腐皮铺在七星板上，再用水枪喷上一点水。

8. 将皮按每个20克平均分好后，用擀面杖将其擀成直径12厘米的面皮，直接将面皮放在红桃粿印里，先放入一片柑饼，再放上一片芫荽叶，然后放入35克的馅，最后将封口捏紧，再用力往粿印里压，再取出，放在七星板上。

9. 将做好的粿放到蒸柜蒸两分钟，即可拿出，放凉即可。

烹法

蒸。

味型

甜香。

特点

薄皮靓馅、软Q和合。

性味功效营养

糯米粉性温、味甘，具有补中益气、健脾养胃、止虚汗的作用。每100克糯米粉中含能量1464千焦、蛋白质7.3克、脂肪1.0克、碳水化合物78.3克、不溶性膳食纤维0.8克、钠2毫克。

绿豆性寒、味甘，具有清热解毒、消暑的作用。每100克绿豆中含能量1427千焦、蛋白质25.2克、脂肪1.6克、碳水化合物59.0克、膳食纤维18.3克、钠38毫克。

柑饼性凉，味甘、酸，具有开胃理气、润肺生津等功效。每100克柑饼中含能量1551千焦、蛋白质0.6克、脂肪0.4克、碳水化合物92.9克、不溶性膳食纤维3.5克、钠486毫克。

心得

槟醅粿是棉湖镇小食一绝，找不到更好的措辞——只能用"绝"，新鲜熟糕粉加点糖做成的皮比冰皮月饼的皮好不知多少倍。馅的极妙在于绿豆硬软的把控，成馅要是达到"碰"（方言，指松而有弹性）的感觉才是潮人潮脑"经"（方言，钻研、倒腾、琢磨）潮食。

橙香麦粿

大麦粉200克、低筋面粉50克、红糖70克、泡打粉3.75克、水350克、乌豆沙200克（分成20小团）、橙膏10克。

工艺

1. 发面发酵：将大麦粉、面粉拌匀后加入水，搅拌均匀后封上保鲜膜，放入冰箱发酵6小时待用。

2. 烙前发酵：面浆加入橙膏、红糖和发酵粉，搅拌均匀待用。

3. 烙饼：平底锅放入10克调和油，用小勺将30克面浆注入锅中，放上一小团压扁乌豆沙，注入10克面浆，煎至两面金黄即可。

烹法

煎。

味型

香甜。

特点

橙味甘甜、麦香沙滑。

性味功效营养

大麦粉性凉，味甘、咸，具有和胃、宽肠、利水的作用。每100克大麦粉中含能量1443千焦、蛋白质10.5克、脂肪1.6克、碳水化合物74.5克、膳食纤维10.1克、钠4毫克。

心得

麦粿是十足的传统家味，加入乌豆沙是小富人家才有的享受，再加入丰顺特产橙膏就更不用说了。煎麦粿要多放油，最好是一半猪油加一半花生油更好吃，事后再来杯工夫茶就完美了！

水粿

　　水粿：粘米粉200克、生粉20克、水500克、萝卜干100克、蒜头30克、猪油50克、白糖1克。

　　甜浆：80克（制16盏分量）。

　　🔧 工艺

　　1.制粿：将粘米粉和生粉拌匀后加入清水，搅匀成浆待用。

　　2.选专用模具（可用大号工夫茶杯），先将模具轻刷薄油后蒸5分钟，再注入调好的浆模具中，注意注入七成满就好了，用猛火蒸10分钟，拿出待自然冷却，脱模即可。

　　3.制馅：将萝卜干清洗干净，扭干后切成米粒般大小；蒜头剁成蒜蓉，锅用慢火加入猪油将其炒香，加入白糖炒至半干浆状态，同时用小匙一盏盏加入炒香萝卜干，淋上甜浆5克即可。

　　🔥 烹法

　　蒸。

◇ **味型**

咸香。

▣ **佐料**

甜浆。

✪ **特点**

外朴内素、里外相合。

◌ **性味功效营养**

粳米粉性平、味甘，具有补气健脾、除烦渴、止泻痢的功效。每100克粳米粉中含能量1401千焦、蛋白质7.3克、脂肪0.4克、碳水化合物75.4克、不溶性膳食纤维0.7克、钠6毫克。

萝卜干性凉，味辛、辣，具有化痰降气、止咳平喘的功效。每100克萝卜干中含能量279千焦、蛋白质3.3克、脂肪0.2克、碳水化合物14.6克、不溶性膳食纤维3.4克、钠4203毫克。

✎ **心得**

水粿是旧昔路边小摊贩落巷穿街叫卖的小主食，是做上午点心用的一种小食，每人一次食用3个，一个3分钱，3个5分钱，伴有营销理念，又是潮人把戏（有人把潮人叫"把戏橱"）。这个关键在于选新冬粘米，黏性较高，蒸熟后粿较稠，配以新菜脯，做得好真是"攀死"（香到极致）！

虾米笋粿

配方

水粿皮：粘米粉275克、木薯粉125克、水600克、盐2克、猪油50克。

馅：竹笋750克、五花肉400克、虾仁100克、虾米30克、泡发好的香菇100克、盐6克、白糖4克、味精4克、胡椒粉2克、香油4克。可做35个。

工艺

1. 和皮：先把粘米粉和木薯粉混合搅匀后放在搅拌机里，再将600克的水加入2克盐煮开后均匀地倒入混合好的粉中，然后用搅拌机先开1挡稍搅拌匀后，再开始2挡揉面。边揉面边加猪油，将50克猪油分3次加入，面揉好后待用。

2. 制馅：先将竹笋、虾仁、香菇都切0.3厘米大的方粒待用，五花肉切成肉粒待用，笋丁飞水待用；锅里放油，先把香菇炒香后加入虾米，虾米炒香，再加入挂上糊肉粒的虾丁和笋丁炒香后加入盐、糖、味精、胡椒粉勾芡，最后下入香油即可。

3. 开皮包饺：把面团擦成条状，推成35粒，用擀面棍碾压小面团成中间厚四周薄（直径约10厘米）的饺皮，30克皮包上40克馅，包饺时将两边捏紧用左右手二虎口紧压往中间一推即成。蒸盘铺上蒸布，然后把包好的笋粿放在蒸盘上，放入蒸柜蒸10分钟即可。蒸好后在笋粿上刷薄薄一层油，待凉透，煎单面略焦香即成。

🔥 **烹法**

蒸。

◇ **味型**

咸香。

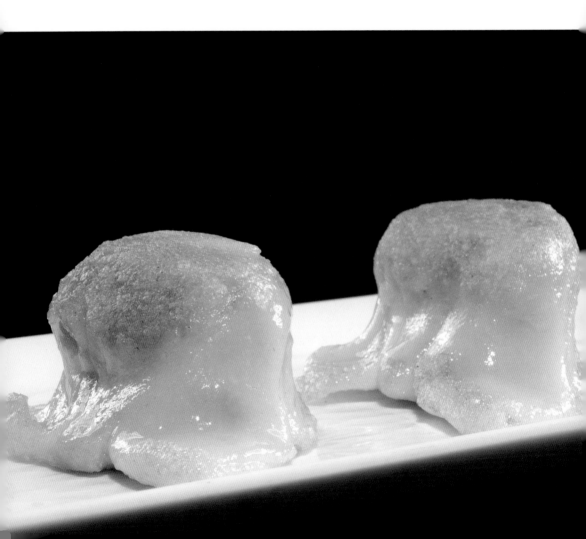

佐料

浙醋。

特点

皮稠柔爽、馅香松爽。

性味功效营养

粳米粉性平、味甘，具有补气健脾、除烦渴、止泻痢的功效。每100克粳米粉中含能量1401千焦、蛋白质7.3克、脂肪0.4克、碳水化合物75.4克、不溶性膳食纤维0.7克、钠6毫克。

竹笋每100克含能量97千焦、蛋白质2.2克、脂肪0.2克、碳水化合物3.8克、不溶性膳食纤维1.3克、钠5毫克。

心得

古时"虾米笋粿"不是人人能问津的哦！有时只能给阿爷阿舍（指老爷和少爷）品品，做得好一口口地吞下，一不小心"连条舌头都找不到的"，哈哈！意思是说好吃到连条舌都吞下去，关键是粿皮润而柔韧、粿馅松脆而柔香且有汁够味。清代袁枚说"买办之功居其六"，可见食材质量多重要！

无米粿

配方

地瓜粉400克、澄面100克、清水1250克、韭菜750、大豆油50克、盐6克。

工艺

1. 地瓜粉、澄面混合拌匀待用。

2. 取750克的水煮开后将粉烫熟，放入搅拌机搅拌，边搅边加水直到把水加完面团柔软有弹性即可。

3. 韭菜切成0.3厘米后加入盐，拌匀后挤压去部分水分，再加入油拌匀待用。

4. 取约30克的面，放手心压薄，包入韭菜，两只手协助抓成团即可。

5. 将包好的韭菜粿摆好放入蒸柜蒸8分钟，蒸熟的无米粿在表面刷上一层食油，放凉。

6. 将蒸好的韭菜粿用120℃的油温煎炸至热透、表面金黄即可。

△ 烹法
煎炸。

◇ 味型
咸香。

▤ 佐料
潮汕辣椒酱。

✿ 特点
皮柔稠软，馅辛香爽。

🜄 性味功效营养

地瓜粉性温和、味甘，具有促进消化、提高免疫力、美白皮肤的功效。每100克地瓜粉中含能量1406千焦、蛋白质2.7克、脂肪0.2克、碳水化合物80.9克、不溶性膳食纤维0.1克、钠26毫克。

韭菜性温、味辛，具有温中开胃、行气活血、补肾助阳、散瘀的功效。每100克韭菜中含能量120千焦、蛋白质2.4克、脂肪0.4克、碳水化合物4.6克、不溶性膳食纤维1.4克、钠8毫克。

✎ 心得

无米粿是最简单不过的潮汕小吃，无论是皮馅造型还是制作工艺都显示了绝对朴实纯真的技法。它可当主食也可以做小吃，它养胃又补肾，是一个十足养生小吃。关键是皮含水量一定要足够才能达到柔软程度，稠度来自蛋白含量很高的地瓜粉。韭菜又名阳起草，补肾，冬春季节最时兴。无米粿以半煎炸为最佳食法。

姜薯甜粿

配方

净姜薯600克、清水2.5千克、年糕粉1千克、全脂奶粉500克、澄面100克、幼糖900克、清水100克。

工艺

1. 先将姜薯刨成片待用。

2. 将年糕粉、奶粉、澄面、幼糖拌匀后加入1000克水，搅拌均匀至无颗粒状待用。

3. 用1500克的水煮开，加入姜薯片煮熟后冲在调好的面浆里，边冲边搅以免结成团，冲好后待用。拿出40厘米×60厘米铝盘刷上一层油，然后将调好的浆装入，封上保鲜膜，放入蒸柜蒸50分钟即可。

4. 将放凉后的年糕按4厘米×6厘米蘸上鸡蛋液，用120℃的油温炸至热透、表面有点蜂窝状即可。

烹法

蒸。

◇ 味型

甜味。

☆ 特点

芳香甘醇、软糯滑润。

◇ 性味功效营养

糯米粉性温、味甘，具有补中益气、健脾养胃、止虚汗的作用。每100克糯米粉中含能量1464千焦、蛋白质7.3克、脂肪1.0克、碳水化合物78.3克、不溶性膳食纤维0.8克、钠2毫克。

姜薯性温平、味甘，具有温肺、益乳、益肝、健脾、和胃、补肾、润肠、养颜护肤、通血的作用。

✎ 心得

姜薯甜粿既有年糕的优点，又运用了独特的地方特色食材所固有的芳香。潮人对姜薯几乎无不喜欢，选用潮阳内畚姜薯，材料名扬全球潮人圈子，加上巧夺天工的工艺，令人百食不厌。关键：1. 材料精选，秉持孔子的儒家古典烹饪文化"不时不食"才能更好保证质量；2. 冲浆工艺的把控决定了菜品的口感。

姜汁甜粿

配方

去皮土姜300克、年糕粉1千克、全脂奶粉500克、澄面100克、幼糖900克、清水2.6千克。

工艺

1. 将姜切碎后加500克水，放入果汁机打成浆待用。

2. 将年糕粉、奶粉、澄面、幼糖拌匀后加入1000克水搅拌均匀至无颗粒状后待用。

3. 将打好的姜浆加入100克水煮开，冲到拌好的粉浆里，边冲边搅以免结成团，冲好后待用。

4. 拿出40厘米×60厘米铝盘刷上一层油，倒入拌好的浆，封上保鲜膜，放入蒸柜蒸50分钟即可。

5. 将放凉后的年糕切成每块4厘米×6厘米，蘸上鸡蛋液，用120℃的油温炸至热透、表面有点蜂窝状即可。

烹法

蒸炸。

◇ 味型

辛甜。

☆ 特点

齿缝留香、滑爽软糯。

🍵 营养

糯米粉性温、味甘，具有补中益气、健脾养胃、止虚汗的作用。每100克糯米粉中含能量1464千焦、蛋白质7.3克、脂肪1.0克、碳水化合物78.3克、不溶性膳食纤维0.8克、钠2毫克。

生姜性微温，具有解表散寒、温中止呕、化痰止咳的功效。每100克生姜中含有能量46千焦、蛋白质0.5克、脂肪0.21克、碳水化合物2.1克、膳食纤维1.6克、钠5毫克。

✎ 心得

如何让姜汁甜粿会"说话"？很多人因被美食的美味迷惑，经常忘了安全打开味蕾。当你把味蕾打开了，姜汁年糕就"开口"了。当您慢咽细嚼，品尝姜汁年糕时，味蕾就完全打开了！当姜的辛辣素刺激味蕾时，中枢系统传导就指挥着汗腺分泌汗液，额头和背脊就有了湿湿的感觉，同时也起到了驱寒除湿醒脑的作用。好的菜品不仅是美的享受，更重要的是带有养生作用，这才是匠人们需努力的方向。

新粉粿

配方

澄面500克、生粉300克、清水500克、胡萝卜汁200克、五花肉250克、萝卜干250克、虾米50克、水发香菇50克、马蹄100克、韭菜50克、去皮炸花生米50克。

工艺

1. 制馅：将五花肉、萝卜干、水发香菇、韭菜、马蹄都切成0.4厘米的方粒状待用；先把香菇放入锅中炒香，再加入萝卜干一起炒至出香味倒出待用；锅中放入油，放入五花肉丁炒香后加入虾米、马蹄丁，一起大翻炒；再把香菇和萝卜干倒入锅中炒匀后加入50克清汤、10克蚝油、5克老抽、2克胡椒粉，炒匀后勾芡倒出待用；待炒熟的料放凉后加入花生米和韭菜拌匀待用。

2. 制皮：先把澄面倒入，然后加入1/3的生粉，放入200克的清水，慢慢搅拌成粉浆，然后用剩下的500克水、200克胡萝卜汁煮开撞入粉浆，直到粉浆熟透、油滑成浆糊状，揉成粉团后待用；再用适量的生粉撒在台面作粉

背，然后粉团放台上加入生粉，反复折叠，令粉团软绵油滑，不粘手。

3. 开皮包饺成形：把粉团分割，揉搓成条，切粒揉压，用酥棍开成圆状的粉皮加入馅料，两边对折封紧，包成凤眼饺子形；做好的粉粿放入蒸柜，大火蒸3分钟即可。

烹法

蒸。

味型

咸香。

特点

外娇艳内柔和。

性味功效营养

胡萝卜性平、味甘，具有健脾消食、润肠通便、明目、行气化滞的功效。每100克胡萝卜中含能量106千焦、蛋白质1.0克、脂肪0.2克、碳水化合物8.1克、膳食纤维3.2克、钠121毫克。

韭菜性温、味辛，具有温中开胃、行气活血、补肾助阳、散瘀的功

效。每100克韭菜中含能量120千焦、蛋白质2.4克、脂肪0.4克、碳水化合物4.6克、不溶性膳食纤维1.4克、钠8毫克。

花生性平、味甘，具有润肺、和胃、补脾的功效。每100克花生中含能量2400千焦、蛋白质23.8克、脂肪44.3克、碳水化合物21.7克、不溶性膳食纤维5.5克、钠4毫克。

萝卜干性凉，味辛、辣，具有化痰降气、止咳平喘的功效。每100克萝卜干中含能量279千焦、蛋白质3.3克、脂肪0.2克、碳水化合物14.6克、不溶性膳食纤维3.4克、钠4203毫克。

✎ 心得

关于新娥姐粉粿，记得我老师林瑞鹏先生在1983年跟我们讲过娥姐粉的故事。粉粿的主粉皮为晒米饭干磨粉重组做成的，时隔几十年，2023年12月我被广州新兴家喻的老板李文平先生宴请时，真真正正品尝到由"粤点泰斗"何世仿先生真传的粉粿，真是品质顶级！跨越的空间很小，遂决定改良做新娥姐粉粿——皮改馅不改，用林伦伦老师的话：留住历史，记住味道！

冰皮咸蛋卷

配方

厚猪肥肉600克、白糖200克、柑饼60克、冬瓜糖30克、咸蛋黄6个、鸡蛋2个、白面包糠150克。以上材料可做6条。

工艺

1. 前加工：将猪肥肉修整成14厘米×12厘米的长方块，冷藏后片成0.2厘米的片状，两面撒上白糖后放入保鲜冷库腌制72小时；冬瓜糖和柑饼都切成0.3厘米正方条；咸蛋黄用刀压成直径10厘米的薄片；鸡蛋打成蛋液待用。

2. 成形：刮去附着在腌好的冰肉上面的白糖后平铺在托盘里，放上压好的咸蛋黄片，再放柑饼条，和冬瓜糖顺手紧卷起来，接口处用面糊粘住。将做好的咸蛋卷滚上鸡蛋液后再裹上面包糠。冷冻即可，食用时不用解冻，直接用100℃的油温浸炸至熟透、表面金黄，改件装盘即可。

⚘ 烹法

酥炸。

◇ 味型

甘香。

✩ 特点

外酥无渣，内甘馥郁。

⬙ 性味功效营养

鸭蛋黄性温、味咸，具有进补脾胃、温中补虚、补肝益气、润燥止咳的作用。每100克鸭蛋黄中含能量240千焦、蛋白质1.9克、脂肪0.2克、碳水

化合物12.4克、不溶性膳食纤维0.8克、钠19毫克。

柑饼性凉，味甘、酸，具有开胃理气、润肺生津等功效。每100克柑饼中含能量1551千焦、蛋白质0.6克、脂肪0.4克、碳水化合物92.9克、不溶性膳食纤维3.5克、钠486毫克。

✎ 心得

关于咸蛋卷，引用蔡澜的话——"杀嘴"！的确杀嘴，酥化无渣、甘香怡心，本品是市场较为流行的"红歌星"。制作关键点，一是白膘肉一定要腌足时间，二是上面包糠前蛋液一定要打透过滤，预防粘附糠量太大以致炸后食用起渣。

烹饪文化之论醋

酱，八珍主人；醋，食总管也。——〔宋〕陶谷《清异录》

酱，又叫作八珍主人；醋，又称为食总管。

酒制升提，盐则润下，姜取温散，醋取收敛。——〔明〕李中梓《本草通玄》

用酒制过的药材食物有提升气的功效，盐制的则有下行下降的作用；姜制的有温热发散效果，醋制的则有收敛的功效。

开胃养肝，强筋暖骨，醒酒消食，下气辟邪，解鱼蟹鳞介诸毒。陈久而味厚气香者良。——〔清〕王士雄《随息居饮食谱》

（醋可以）开胃养肝、强筋暖骨、醒酒消食、下气辟邪，还可以解鱼虾蟹类的毒。陈年且味道浓厚、气息香冽的醋则品质优良。

醋用米醋，须求清冽。——〔清〕袁枚《随园食单》

醋用米醋，要用清醇不浑之醋。

醋有陈新之殊，不可丝毫错误。——〔清〕袁枚《随园食单》

醋有陈新之异，使用时不能有丝毫差错。

有气太腥，要用醋先喷者。——〔清〕袁枚《随园食单》

有的食物腥味重，要先用醋喷洒除腥。

凡食野芳，先办汁料。每醋一大钟，入甘草末三分、白糖一钱、熟香油半盏和成，作拌菜料头（以上甜酸之味）；或捣姜汁加入，或用芥辣（以上辣爽之味）；或好酱油、酒酿，或一味糟油（以上中和之味）；或宜椒末，或宜砂仁（以上开豁之味）。——〔清〕朱彝尊《食宪鸿秘》

凡是食用野生花草，需要事先准备好汤汁、佐料。每一大酒盅醋，放入三分甘草末、一钱白糖、半小酒杯熟香油调和好，作为拌菜使用的料头（以上烹饪偏重甜酸之味）；或者加入捣出的姜汁，或者使用芥辣（以上烹饪偏重辣爽之味）；或者使用质量好的酱油、酒酿，或者是仅仅使用糟油（以上烹饪偏重中和之味）；或者适宜使用花椒末，或者适宜使用砂仁（以上烹饪偏重开胃之味）。

镇江醋颜色虽佳，味不甚酸，失醋之本旨矣。以板浦醋为第一，浦口醋次之。——〔清〕袁枚《随园食单》

镇江醋颜色虽好，但酸味不足，失去了醋的最重要特色。醋以板浦醋最好，浦口醋次之。

第六章

甜品

从一碗番薯汤到一碗燕窝，从一碗糖糯米糜到一床（seng5，方言中表示一蒸笼)甜粿，普普通通的材料，能做出很多甜品，可见潮菜的博大、潮人的智慧。所以说潮菜非遗传承是刻在骨子里的传承。

蜜浸枇杷

配方

鲜枇杷12个（约400克，盛产于5—6月）、猪肥肉50克、冬瓜片50克、糖冰肉50克、芝麻仁25克、糕粉（又称潮州粉）25克、生粉30克、生油600克（耗油75克）、清水225克、白糖150克。

工艺

1. 将芝麻仁炒香、研碎，再把糖冰肉、冬瓜片切成细粒，同时加入糕粉和生粉25克、清水25克一起搅拌为水晶馅待用。

2. 将枇杷去净皮，用刀切平两端，去掉核。再把水晶馅逐个酿入枇杷里面，用生粉封口。

3. 将炒锅洗净烧热，倒入生油，待油温热至约180℃时，将枇杷投入略炸一下，捞起待用。再用不锈钢锅盛清水，加入白糖煮开成糖油，然后把已炸过的枇杷放入糖油内。

4.将猪肥肉用刀切薄，盖在枇杷的面上。用慢火煮30分钟后把肥猪肉拿掉。再把枇杷逐个夹放进盘中，在枇杷表面淋上薄糖油即成。

烹法

糕烧。

味型

酸甜味。

特点

酸甜香嫩滑。

性味功效营养

枇杷性凉，味甘、酸，具有化痰止咳、和胃降气的功效。每100克枇杷中含能量170千焦、蛋白质0.8克、脂肪0.2克、碳水化合物9.3克、不溶性膳食纤维0.8克、钠4毫克。

心得

枇杷为季节性产物，成品需要做到透明光亮的效果。

膀方酥

📋 配方

绿豆沙50克、厚猪肥肉200克（选用本地猪肉为佳）、自发粉100克、白糖300克。

⚙️ 工艺

1. 将猪肥肉改成高度2厘米、宽度5厘米、厚度2毫米、两片相连的夹刀片，共切成12件。

2. 用大碗盛着白糖，把每件肥肉片内外粘上白糖，然后逐件摆砌进另一餐盘，摆砌整齐并压实，大约用200克白糖，剩余的白糖100克另用。肥肉腌糖时间要达24小时才可使用。

3. 将锅下水烧沸，把已腌过糖的肥肉用开水快速烫一下后马上捞起，浸下冰水快速捞起成冰肉，再用刀把冰肉周围修整齐，同时将每件冰肉中间夹着绿豆沙，用手稍压实候用。

4. 自发粉盛碗内，加入清水200克、生油5克，搅拌均匀成脆皮浆待用。再将炒锅洗净烧热，倒入生油，待油温至约180℃时，将每件冰肉分别裹上

脆皮浆，放进油内炸，炸至呈金黄色捞起，用剪刀剪去冰肉周围的浆碎，装盘即可。

⚪ 烹法

炸。

◇ 味型

甘香味。

☆ 特点

甘香甜酥脆，肥而不腻，粗料细作，是高级宴会甜点之一。

⚪ 性味功效营养

绿豆沙性寒味甘，具有清热解毒、消暑利尿的功效。每100克绿豆沙中含能量1611千焦、蛋白质26.2克、脂肪1.0克、碳水化合物66.8克、膳食纤维27.6克、钠11毫克。

猪肥肉性平，味甘、咸。每100克猪肥肉中含能量2619千焦、蛋白质7.1克、脂肪66.1克、胆固醇79毫克、钠56毫克。

✎ 心得

猪肥肉选料要厚，切夹刀片做"日"字形，腌制时要够时间，加热后呈玻璃状。惠来做这道菜比较有名，不同做法为将猪肥肉片煮熟后才腌糖。

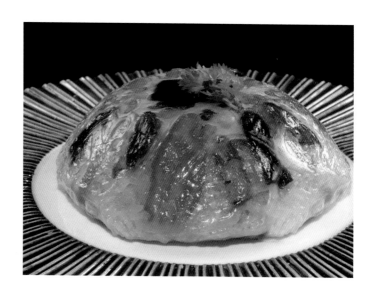

八宝甜饭

配方

糯米300克、豆沙50克、冬瓜册25克、熟莲子25克、柿饼25克、核桃仁25克、柑饼25克、葡萄干15克、葱珠油15克、猪网膀1小张、白糖500克。

工艺

1. 将糯米洗净盛在碗里，加少许清水放进蒸笼蒸20分钟至熟，取出待用。

2. 将冬瓜册、柿饼、柑饼切成薄片，把部分切粒再加入葱珠油、白糖300克和蒸熟的糯米饭一起拌匀。

3. 餐碗底抹油，摊上猪网膀压入餐碗里，把豆沙平铺成圆形摆在餐碗中心，柿饼、柑饼、糖瓜片、熟莲子、葡萄干、核桃仁砌成花形放在碗底，再把拌好的糯米饭放在上面，放进蒸笼炊热后，倒翻进另一盛器里，将200克白糖掺入少许清水，和淀粉水勾芡淋上即成。

烹法

蒸。

味型

清甘。

特点

清甜香滑，造型美观。

性味功效营养

糯米性温、味甘，具有补中益气、健脾养胃、止虚汗的功效。每100克糯米中含能量1464千焦、蛋白质7.3克、脂肪1.0克、碳水化合物78.3克、不溶性膳食纤维0.8克、钠2毫克。

绿豆沙性寒味甘，具有清热解毒、消暑利尿的功效。每100克绿豆沙中含能量1611千焦、蛋白质26.2克、脂肪1.0克、碳水化合物66.8克、膳食纤维27.6克、钠11毫克。

冬瓜性凉、微寒，味甘、淡，具有清热解毒、利水消痰、除烦止渴、祛湿解暑的功效。每100克冬瓜中含能量52千焦、蛋白质0.4克、脂肪0.2克、碳水化合物2.6克、不溶性膳食纤维0.7克、钠2毫克。

莲子性平，味甘、涩，具有补脾、止泻、止带、益肾涩精、养心安神等功效。每100克莲子中含能量1463千焦、蛋白质17.2克、脂肪2.0克、碳水化合物67.2克、不溶性膳食纤维3.0克、钠5毫克。

柿饼性寒，味甘、涩，具有健脾润肺、涩肠止血的功效。每100克柿饼中含能量1067千焦、蛋白质1.8克、脂肪0.2克、碳水化合物62.8克、不溶性膳食纤维2.6克、钠6毫克。

核桃仁性温、味甘，具有补气养血、健脾开胃、润肺强肾等功效。每

100克核桃仁中含能量2973千焦、蛋白质9.8克、脂肪2.0克、碳水化合物4.9克、膳食纤维8.4克、钠3毫克。

柑饼性凉，味甘、酸，具有开胃理气、润肺生津等功效。每100克柑饼中含能量1551千焦、蛋白质0.6克、脂肪0.4克、碳水化合物92.9、不溶性膳食纤维3.5克、钠486毫克。

葡萄干性凉，味甘、微涩，具有清肺热、止咳平喘、滋补强身的功效。每100克葡萄干中含能量1439千焦、蛋白质2.5克、脂肪0.4克、碳水化合物83.4克、不溶性膳食纤维1.6克、钠19毫克。

✎ 心得

潮菜对甜饭的要求极高，从口感上追求熟透、晶莹、软糯、不抱团；使任何成品都可随意溯源，从口味上追求五味调和。菜品讲究造型摆砌，具有温补滋养作用。

金钱酥柑

配方

柑饼10个、水晶馅300克、脆浆粉150克、猪油10克、清水300克。

工艺

1. 将柑饼放烤箱烤软，用4.5厘米的圆模压出10份圆柑坯，只取皮坯，去净内膜；水晶馅分成10份，搓直径2.5厘米的扁圆形；调和脆浆待用。

2. 把圆柑片蘸脆浆粉，夹上水晶馅，拉上脆浆，放入150℃油温炸酥脆即好。

烹法

脆炸。

佐料

金橘油。

特点

酥香纯化，贡柑韵浓。

🜄 性味功效营养

柑饼性凉，味甘、酸，具有开胃理气、润肺生津等功效。每100克柑饼中含能量1551千焦、蛋白质0.6克、脂肪0.4克、碳水化合物92.9克、不溶性膳食纤维3.5克、钠486毫克。

✎ 心得

金钱酥柑是老传统潮菜，源于厨师家逢春节来往拜年的亲朋好友多，见面总要带一对或二对柑即"大吉"，一来二去就多了，而春节一过就积压了。厨师灵机一动，不是做柑饼就是做菜，解决积压的困扰又可增加新的享受！金钱酥柑（传统）的做法是，将柑掰开独件分开，去丝粗膜，用刀在背处开一刀而不断，让其上下相连，分开变成金钱形去掉籽，中间夹上冬瓜糖、花生之类，蘸上脆浆炸透成为传统的金钱酥柑。但缺点就是酸，果酸的维生素被破坏后反酸不很优秀。我是个守旧又十分乐于挑战困难的人，于是一道道都被我颠覆……果然真有效果，请看看新工艺。

糕烧甜芋

配方

芋头300克、白糖200克、开水150克、葱珠油10克、调和油750克、纯净水300克。

工艺

1. 将芋头滚刀切每块20克，用不粘平底锅半煎炸至熟透，沥去油。

2. 加入白糖炒至糖渐融且略起色时注入纯净水，猛火烧开30秒，盖上盖子用中慢火焗芋块入糖浆，表皮慢慢变透明时加入葱珠油及调和油，用猛火收汁即可装盘。

烹法

糕烧。

味型

芳香甘。

特点

芳香醇郁，松甘稠糯。

性味功效营养

芋头性平，味辛、甘、咸，具有益胃、宽肠、通便、解毒、化痰的功效。每100克芋头中含能量251千焦、蛋白质2.9克、脂肪0.1克、碳水化合物13.0克、不溶性膳食纤维0.3克、钠1毫克。

✎ 心得

世世代代传承下来的阿妈味道，七月十五糕（煮）碗甜芋祭祖先，祭礼完毕芋也凉了，阿妈怕家人吃甜芋胃里不舒服，又将甜芋回炉翻火，怕烧焦就加点水儿，谁知道一碗甜芋变成一半甜芋一半芋泥，此时这碗甜芋变成餐桌上最好吃的好菜！家人团聚乐呵呵！

现代甜品

川贝炖鱼胶

配方

花胶125克、川贝10克、冰糖75克、水750克。本材料可做5份。

工艺

1. 将鱼胶用5倍胶量的纯净水浸泡2天，隔24小时换水一次。时间一到取出擦干水分，用大剪刀剪成2厘米×5厘米件即可。

2. 将浸发好的鱼胶加入川贝、冰糖及水，炖3小时即可分位享用。

烹法

炖。

味型

微苦甘味。

特点

汤甘略苦、胶糯弹滑。

⬡ 性味功效

鱼鳔性平，味甘、咸，具有补肾益精、滋养筋脉、止血、散瘀、消肿的功效。

川贝性微寒，味甘、苦，具有清热润肺、化痰止咳的功效。

✎ 心得

鱼胶是潮人的专利，其可谓动物类胶原蛋白最高，且能增强免疫力，它不能治病，但经常食用会感觉有旺盛的精力，它潜在的价值远大于同类食物！

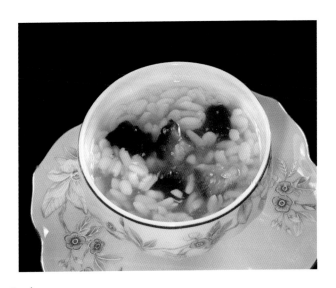

海参绿豆氽（爽）

绿豆主要产地在辽宁、山东和福建。

配方

泡发好的澳大利亚蓝肉乌猪婆海参300克、熟绿豆瓣400克、纯净水2克、冰糖200克、生粉50克。

工艺

1. 泡发好的海参切成0.8厘米方粒，加入500克纯净水、50克冰糖炖20分钟后静置6小时待用。

2. 将1.5千克水加入150克冰糖，加入炖海参的糖水煮开；用50克生粉调为湿粉，给糖水慢慢勾芡使汤转为糊状，打一勺往锅里倒呈粗线状即可；将绿豆蒸热倒入糖水中，再加入炖好的海参粒，即可装入餐具。

烹法

炖、氽。

◇ 味型

清甜。

☆ 特点

藻香豆香，甘和滑顺。

○ 性味功效营养

海参性温，味甘、咸，具有滋阴补肾、壮阳益精、养心润燥、补血的功效。每100克海参中含能量105千焦、蛋白质6.0克、脂肪0.1克、胆固醇50毫克、钠81毫克。

绿豆性寒、味甘，具有清热解毒、消暑的作用。每100克绿豆中含能量1427千焦、蛋白质25.2克、脂肪1.6克、碳水化合物59.0克、膳食纤维18.3克、钠38毫克。

✎ 心得

海参绿豆汆（爽）这道菜，一看过程可能有点疑惑，海参做甜的？头次听到。其实传统的潮菜菜品就有一道甜品叫鲜莲乌石参，不知道哪一位潮菜老前辈这么有智慧，把乌石参与鲜莲子两种不同维度的食材巧妙结合在一起做成甜品，两种食材的特性却能互补，真应效法老前辈并点赞。我在此基础上一直进行创新，做出来后效果非常不错。追溯一下，做甜品最好的海参是什么？澳大利亚蓝肉乌猪婆。最好的绿豆是什么？有毛绿和油绿之分哦！用油绿品种最佳，发头少、香头大，两者结合天衣无缝，妙哉。袁枚说："司厨之功居其四，买办之功居其六。"故做菜的食材是首要的。

香蕉豆沙球

配方

台湾香蕉1根（约300克）、潮式乌豆沙100克、面粉60克、生粉8克、泡打粉1克、调和油12克、水85克、调和油1千克（供炸品使用）。

工艺

1. 先把豆沙搓成条状，分成10等份待用；香蕉去皮后，切成厚0.5厘米、长4厘米斜片，共20片，撒上一层薄生粉；把两片香蕉夹一粒豆沙上下压实成球坯待用。

2. 把面粉、发粉混合加入水调匀，再加入调和油成为脆浆。

3. 锅上油烧至油温140℃，用筷子夹球坯，蘸上脆浆炸至金黄酥脆即可。

烹法

炸。

味型

甜香。

✪ 特点

外酥内半流沙状。

⬤ 性味功效营养

香蕉性寒，味甘，具有清热、通便、解酒、降血压、抗癌的功效。每100克香蕉中含能量389千焦、蛋白质1.4克、脂肪0.2克、碳水化合物22.0克、不溶性膳食纤维1.2克、钠1毫克。

每100克红豆沙中含能量1005千焦、蛋白质4.5克、脂肪0.1克、碳水化合物57.1克、不溶性膳食纤维1.8克、钠26毫克。

✎ 心得

香蕉豆沙球看着配方和过程谈不上可留恋，实非如此。一个厨师到一个匠人的区别是，你有我也有，但我有你不一定有，一个产品、一点技艺说穿了就没什么了。豆沙球关键在于豆沙的含水量，就是特色之处。特色就是有别于众又出色于众。

反砂淮山

📋 配方

铁棍淮山300克、白糖150克、生粉20克、生葱白15克、水75克。

⚙️ 工艺

1. 将淮山滚刀切后放入蒸柜蒸30分后取出，趁热撒上干生粉，放入120℃的油锅炸至表面微硬捞起待用。

2. 锅里放入75克水和150克糖，大火煮开后加入炸葱珠末，转中火煮至大泡泡转小泡泡时加入已炸好的淮山和炸葱珠末，然后把锅端离火位，慢慢翻炒至起砂即可。

🔥 烹法

反砂。

◇ 味型

甘香。

⭐ 特点

薯香甘醇，柔嫩松滑。

○ 性味功效营养

淮山（山药）性平、味甘，具有滋补脾胃、润肺止咳的功能。每100克山药中含能量240千焦、蛋白质1.9克、脂肪0.2克、碳水化合物12.4克、不溶性膳食纤维0.8克、钠19毫克。

✎ 心得

反砂淮山，专选用河南焦作淮山，是补血健脾的养生甜品、养生小吃，也是养生主食，彰显了"最好的潮菜就是简单和养生"！

糕烧腊味芋

配方

芋头300克、腊肠40克、白糖200克、开水150克、葱珠油10克。

工艺

1. 将芋头切成2.5厘米方粒待用。

2. 腊肠切斜片，长约5厘米、厚0.2厘米待用。

3. 锅中放入油，再将切好的芋头和腊肠一起放锅里慢火煎至熟透、六面硬皮后（约10分钟）加入白糖和水，大火煮开后盖上锅盖，转中火再煮10分钟，加入葱珠油即可。

烹法

糕烧。

味型

香甜。

特点

腊味甘香、糕松不腻。

○ 性味功效营养

芋头性平，味辛、甘、咸，具有益胃、宽肠、通便、解毒、化痰的功效。每100克芋头中含能量251千焦、蛋白质2.9克、脂肪0.1克、碳水化合物13.0克、不溶性膳食纤维0.3克、钠1毫克。

✎ 心得

糕烧腊味启发于一道叫"腊肉芋头煲"的菜，这道菜烧得够火，很好吃。我当时一想，这咸的菜能不能做成一道甜的菜，马上启动五味调和理论及品相成形思路，来个试制。一试即成，关键点：1.芋一定要用中慢火煎至六面浅金黄熟透，不能够起鼓；2.炒腊肠不能重火，让出油不发硬；3.熬糖过程先放葱油，葱最后上，让糖浆呈清澈色，物分离味存互容，不是吗？

烹饪文化之论酒

酒用酒酿，应去糟粕。——〔清〕袁枚《随园食单》

酒则要用发酵酿制酒，还须滤去酒糟。

调剂之法，相物而施。有酒水兼用者，有专用酒不用水者，有专用水不用酒者。——〔清〕袁枚《随园食单》

食物调剂的方法，因菜而定。有的菜式，酒、水一齐烹煮，有的只用酒不用水，有的只用水不用酒。

炖法不及则凉，太过则老，近火则味变，须隔水炖，而谨塞其出气处才佳。——〔清〕袁枚《随园食单》

温酒以饮，热度不及则凉，热度太过则老，靠近火酒则变味，必须隔水温酒，并且要盖严实，不让酒气挥发才佳。

果者酒之仇，茶者酒之敌，嗜酒之人必不嗜茶与果，此定数也。——〔清〕李渔《闲情偶寄》

水果是酒的对头，茶也是酒的对头，好喝酒的人一定不好吃水果和喝茶，这是肯定的。

宴集之事，其可贵者有五：饮量无论宽窄，贵在能好；饮伴无论多寡，贵在善谈；饮具无论丰啬，贵在可继；饮政无论宽猛，贵在可行；饮候无论短长，贵在能止。备此五贵，始可与言饮酒之乐；不则曲糵宾朋，皆戕性斧身之具也。——〔清〕李渔《闲情偶寄》

宴会上有五种可贵的地方：酒量不论大小，贵在能喝好；一同饮酒的人不论多少，贵在善于交谈；酒具不论丰俭，贵在够用；酒令不论宽严，贵在可行；喝酒的时间不在长短，贵在能停下来。有了这五种可贵的地方，才能谈饮酒的快乐，不然酒和朋友都成了伤害身体和心性的东西了。

酒以陈者为上，愈陈愈妙……酒戒酸、戒浊、戒生、戒狠暴、戒冷。务清、务洁、务中和之气。——〔清〕顾仲《养心录》

酒以陈年旧酿为最好，陈放时间越久越好。变酸了的、出现浑浊杂质的、发酵不完全的、暴晒过头的、特别冷的酒不能喝。喝酒一定要选择清醇的、纯净的、味道中正的。

惟制药及豆腐、豆豉、卜之类并诸闭气物用烧酒为宜。——〔清〕朱彝尊《食宪鸿秘》

制造药品，烹制豆腐、豆豉、萝卜等以及各种使人闷气的食物时，用烧酒是比较合适的。

酒之清者曰"酿"，浊者曰"盎"，厚曰"醇"，薄曰"醨"，重酿曰"酎"，一宿曰"醴"，美曰"醑"，未榨曰"醅"，红曰"醍"，绿曰"醽"，白曰"醝"。——〔元〕忽思慧《饮膳正要》

清醇的酒叫"酿"，不清泛浑的酒叫"盎"，酒味纯厚的酒叫"醇"，味道不浓的酒叫"醨"，经过两三次重酿的酒叫"酎"，过一夜而制成的甜酒叫"醴"，经过沉淀过滤的美酒叫"醑"，没过滤的酒叫"醅"，红颜色的酒叫"醍"，绿颜色的酒叫"醽"，白颜色的酒叫"醝"。

潮菜集五味调和之美

食不厌细，脍不厌精；膳者，敬天爱人，追求相、味、质、养融合之变化——吃得康健，吃得美味，吃得艺术

汕头市传统潮菜研究院 院长 纪瑞喜

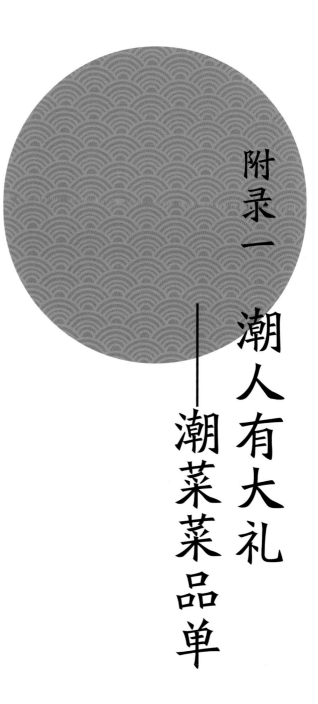

附录一 潮人有大礼

——潮菜菜品单

一、前菜

1. 传统生腌、小菜类

生腌膏蟹　　　　生腌虾　　　　生腌水生　　　　腌豆酱姜

煎咸肉

2. 创新生腌、小菜类

刺身象拔蚌

3. 传统凉菜类

彩丝龙虾　　　　凉拌海蜇皮　　　潮式肉皮冻　　　潮式猪脚冻

冻蟹钳　　　　　冻金钟鸡　　　　鱼饭　　　　　　鳗鱼冻

凉拌方鱼　　　　潮州冻红蟹　　　芝麻拌海蜇　　　五香牛肉

4. 创新凉菜类

凉拌蚌羹　　　　凉冻猪腰花　　　凉冻水晶鱼　　　鲜果沙律蟹

凉拌爽肚片

二、风味菜
（一）传统肉、禽、鲜、素

1. 肉类

蒸米麸肉	红炆扣肉	油泡双脆	干炸肝花
佛手排骨	脆皮大肠	炸脀方酥	炸五香果肉
炸芙蓉肉	炸桂花肠	酸甜菊花肉	酸甜咕噜肉
炖胡椒肚	橄榄炖白肺	杏仁白肺	萝卜炆牛腩
炸芙蓉肉	焖角玉肉	清汤肚把	酸甜猪肝
牛肉丸汤	炒沙茶牛肉	沙茶涮牛肉	北葱炖羊肉
清炖柠檬羊肉	糕烧羊	红炖羊肉	红炆羊肉煲
南乳扣肉	青蒜炒咸肉	花生猪尾煲	咸菜炖猪肚
油泡酥肚尖	清肚尖汤	酥炸猪大肠	咸菜猪肠煲

2. 禽类

糯米酥鸡	乳油荷包鸡	炸八卦鸡	炸雁只鸡
炆角玉鸡	炊荷花鸡	豆酱焗鸡	酿百花鸡
珍珠鸡丸	美味熏鸡	炸纸包鸡	玻璃酥鸡
针菜煴鸡	炊莲花鸡	鲜奶荷包鸡	酿七星鸡
生炒鸡蓬	清芙蓉鸡	炒葱椒鸡	炖淮杞鸡
川椒炒鸡球	富贵石榴鸡	明炉鸡卷	酿糯米鸡翅
栗子焖鸡	菠萝炒鸡内脏	淮杞鸡脚翅	炸珍珠鸡翼
炊如意鸡	清炖鸡脚翼	炊石榴鸡	生炒鸡米

沙茶炒鸡丝	炆三仙鸡腰	清汤鸡把	菜脯煎鸡蛋
干炸鸡卷	双拼龙凤鸡	方鱼鸡片汤	清汤鸡腰
雪耳荷包鸡	炸川椒肫球	芝麻焗鸡	干炸稚鸡
炖冬虫草鸡	干炸雁鹅	鹅八珍	潮汕烧鹅
菠萝炒鹅珍	鲍汁煸鹅掌	红焖鹅脚	北菇鹅掌
香焗雁鹅	清白玉带	南午炖鸭	金银全鸭
芙蓉水鸭	炸云南鸭	炆腐皮鸭	炸金钱鸭
焗鸭掌包	炆三仙鸭掌	冬瓜扣鸭	炊烟筒鸭
冬瓜炖草鸭	炸旗斗鸭	出水芙蓉鸭	参芪炖水鸭
柠檬炖水鸭	八宝扣鸭	香酥芙蓉鸭	清鸭掌丸
五香水鸭	清炖水鸭	生炒水鸭片	红炖水鸭
干烧水鸭	香焗水鸭	玻璃酥鸭	荷包玉菜鸭
干炸鸭包	原汤老鸭	金针白鸽	虎皮鸽蛋
炒乳鸽松	花胶炖老鸽	芙蓉乳鸽	红炖乳鸽
铁拍乳鸽	生炸乳鸽	火腿炒鸽松	角玉乳鸽
焖三仙鸽蛋	清炖乳鸽	草菇煸乳鸽	酱焗鹌鹑
炖荷包鹌鹑	酥炸禾花雀	焗禾花雀	川椒鹌鹑
百味甜官燕	红烧燕	炖荷包鸽燕	鸡茸燕窝
咸三丝官燕	红炖海龟裙	红炖雪蛤油	

3. 鲜类

炖鱼翅	炊鱼翅盒	炒桂花翅	炆鱼翅卷

红烧大排翅	火腿煲仔翅	红炖潮州翅	菜胆炖鲍翅
蟹肉炒鱼翅	烩神仙鱼翅	清鱼翅丸	蚝油焗活鲍
虫草炖活鲍	银杏珍珠鲍	焗吉品鲍	红炆明鲍
清汤鲍鱼丸	芦笋鲍	炆鸡脚鲍	炆鲍鱼盒
海参扣花胶	海参炆肉丸	刺参炆鹅掌	芋泥海参
红焖海参	鸡茸海参	什锦海参美	什锦乌石参
明炉烧大海螺	上汤焗角螺	清汤螺把	油泡螺球
即席灼响螺	生炒螺片	清汤螺丸	油泡角螺片
西芹炒螺球	红炖原角螺	橄榄炖角螺	红炖海螺
龙虾焗伊面	香荽蒸龙虾	上汤焗龙虾	金笋焗龙虾
上汤龙虾面	椒盐大龙虾	生菜龙虾	炸金钱虾
炆水晶虾	冬瓜扣虾	清金鲤虾	干炸虾筒
煎寸金虾	茄汁虾碌	龙舌凤尾汤	干炸大明虾
清金钱虾	上汤虾丸	双味大明虾	蒜蓉蒸明虾
酿太极明虾	秋瓜炒虾球	椒盐虾蛄	炸绣球虾丸
香煎虾碌	干炸虾枣	酥炸虾饼	生炒虾松
龙舌凤尾汤	炆烟筒虾	炒大明虾	炸吉列虾
炸凤尾虾	生炒虾球	炸芙蓉虾	湿煎虾碌
干煎虾碌	三丝蟹钳	干炸蟹枣	炸金钱蟹
酿金钗蟹	干焗蟹塔	酿鸳鸯膏蟹	古法炊膏蟹
酿如意蟹	牛油焗肉蟹	豆酱焗肉蟹	清汤蟹羹
银丝肉蟹煲	炸香酥蟹盒	金蒜焗花蟹	梅汁蒸红蟹

红蟹炊糯米饭	清汤蟹丸	炊大蟹钳	炸素珠蟹
炒芙蓉蟹	酸甜琉璃蟹	干炸川椒蟹	生炊膏蟹
姜葱炒肉蟹	芙蓉蒸膏蟹	炒桂花鱿	清鱿鱼筒
炸荷包鲜鱿	清金钱鱿	炒麦穗鲜鱿	清鱿鱼卷
油泡鲜鱿	白灼墨鱼片	巧烧墨鱼片	生炒墨鱼
清墨鱼丸	沙茶炒薄壳	蒜蓉炊日明	霍斛炖石螺
芙蓉元贝	清干贝丸	白玉干贝	生炒干贝松
银杏焗带子	粉丝蒸带子	酸菜蒸大蚝	炒大蚝
干炸大蚝	水生杞菜汤	生炒明蚝	潮汕蚝烙
炸脆皮大蚝	炸川味大蚝	油泡明蚝	炸芙蓉蚝
酿金钱鳔	百花酿鱼鳔	红焖明皮	芝麻鱼鳔
白菜鱼鳔煲	鲜虾银鳔	生炒鱼面	油泡鱼册
潮汕大鱼丸	上汤鱼饺	焖酿鳝卷	红焖乌耳鳗
酸菜乌耳（白鳝）	油泡鳝鱼	荷包乌耳	清炖白鳝
龙入虎腹	咸菜煮白鳗	生炒鳝鱼	梅子炊白鳝
红焖脚鱼	银杏水鱼	红炆水鱼	薏米炖脚鱼
红炆活甲鱼	冬虫炖甲鱼	银杏炆甲鱼	荷香蒸甲鱼
炆荷包脚鱼	炸八卦脚鱼	红焖松鱼头	当归炖鱼头
芋鱼头炉	鱼头白菜	白菜煮鱼头	天麻炖鱼头
清蒸松鱼唇	酱姜蒸鲳鱼	干煎银鲳鱼	美味熏昌鱼
白汁鲳鱼	炸荷包鱼	炸豆腐鱼	煎豆腐鱼烙
冬菜炊佃鱼	干炸鱼盒	竹笙鱼盒	椒盐豆腐鱼

清蒸豆腐鱼	炸网油鱼	生炒鱼片	五彩焗鱼
秋瓜炒鱼片	天麻炖白鲫	酸梅乌鱼	酸甜玉米鱼
酸菜沙鱼鼎	明炉竹筒鱼	焗袈裟鱼	豆酱沙尖
碧绿石斑卷	茄汁棋子鱼	炊海棠鱼	明炉灼鲨鱼
咸菜鲨鱼煲	青瓜星斑球	锡箔焗鳜鱼	生蒸麒麟鱼
冬菜蒸午笋	菜脯炆淡甲	黄豆血鳗煲	煎煮油仔鱼
香煎咸带鱼	酸甜松子鱼	翡翠松子屋	什锦火锅
木瓜炖杜龙	人参石头鱼	咸梅炖鲤鱼	香豉竹仔
蒜仔乌鱼	活淋草鱼	酸梅鲫鱼煲	菜脯赤领（淡甲）
炊西湖鱼	清蒸东星斑	上汤杜龙羹	翠绿石斑卷
炸五柳鱼	酸甜鱼球	明炉竹筒鱼	炸川椒鱼
炊柳王鱼	方鱼豆腐	豆干焗方鱼	瓜盅薄壳羹

4. 素类

荷包珠瓜	蟹肉珠瓜羹	珠瓜炒蛋	酿珠瓜段
绣球白菜	玉枕白菜	石榴白菜	烟筒白菜
银杏白菜	鱼头白菜	鱼茸西芹羹	干贝金笋羹
白玉藏珍	云腿扒菜胆	鸡油冬瓜碌	炆金钱冬瓜
云腿护国菜	冬瓜干贝羹	什锦瓜盅	原盅瓜丸
红炖芥菜	厚菇芥菜	方鱼炒芥蓝	招财进宝
棋子豆腐	焖豆腐盒	碧绿豆腐盏	八宝扒豆腐
肉碎炆豆腐	全家福豆腐	酿金钱黄瓜	红炆竹笙

炆豆腐盒	豆腐盏	家乡秋茄	酿金钱菇
酿王瓜	银珠猴蘑	干贝炖竹笙	焖三仙菜胆
翡翠竹笙卷	蛋白草菇	上汤灼通菜	冬笋焖菇
火腿炆花菇	菜脯蛋	烩发菜羹	鸡茸发菜
香酥茄夹	瑶柱炖萝卜	翅汤萝卜丸	猪红珍珠菜

（二）创新肉、禽、鲜、素

1. 肉类

咸菜炖猪手	八宝酥蹄	梅膏焖猪脚	酸甜猪手
椒盐炸猪手	咖喱牛肚煲	当归炖牛鞭	叉烧肉
锡箔陈皮骨	沙茶焗排骨	普宁豆酱骨	蒜香南乳骨
豆酱焗肉排	金瓜扣肉	当红烧乳猪	杜仲炖猪尾
银杏猪肚	红炆蹄根	XO酱炒板根	XO酱爆爽肚
油甘炖猪喉			

2. 禽类

焗咖喱鸡排	茶菇炖乌鸡	炆咖喱鸡	脆炸纸包鸡
干贝鸡脚翼	鱼露焗乳鸽	脆皮炸乳鸽	荔蓉酥鸭
百合炒鸭舌	烤挂炉鸭	蒜香鹧鸪腿	花胶炖鹧鸪
玉耳千层峰	竹笙燕窝排		

3. 鲜类

干捞大针翅	鱼翅木瓜盅	竹梅蒸角螺	葡汁焗角螺

薯仔焗鲍鱼	番茄焗鲍鱼	椰青珍珠鲍	芋香珍珠鲍
玻璃龙虾筒	奶油焗龙虾	玉环大龙虾	百合虾婆
咖喱明虾球	美味桑拿虾	脆皮沙律虾	鲜麦活虾煲
香芒炒活虾	荔枝炒活虾	百花琵琶虾	炒腰果虾球
沙律大明虾	咸蛋焗肉蟹	炸芝士蟹壳	薯仔焗墨鱼
炸荔蓉带子	枇杷干贝	桂花干贝	干贝豆腐
南乳白鳝球	凉瓜白鳝煲	串烧风味鳝	橙汁焗雪鱼
吉列银雪鱼	烧汁银雪鱼	菜汁焗雪鱼	酸梅雪鱼汤

4. 素类

百花白玉卷	金瓜藏珍	榄仁发财卷	炸纸包豆腐
生炊夹肉豆干	绿衣佳人碧绿	花开富贵	红炆发菜卷

（1）传统素菜

碧绿凉瓜羹	厚菇珠瓜	玻璃白菜	玉枕素菜包
炆三冬	金瓜香芋煲	豆酱番薯叶	清醉草菇
脆皮豆腐	炆豆干	榄菜蒸豆腐	七彩豆腐羹
炸椒盐豆腐	八宝素菜	炸普宁豆腐	彩丝腐皮卷
天河草菇素菜	炆三仙菜胆	清醉竹笙	银杏芋粒煲
七样羹	护国菜	四宝素菜包	绿岛藏金银
醉厚菇	豆干炒韭菜	香菇焖双笋	上汤西芹羹
红萝卜羹	金不换矮茄	香煎萝卜卷	豆酱春菜煲
煎咸秋瓜烙			

（2）创新素菜

橙汁焗豆腐　　　蒸琼山豆腐　　　西芹炒百合　　　金笋豆腐酥

鲜茨芋粒鼎　　　龙舌草菇素菜　　地河草菇素菜　　豆酱春菜鼎

玉米烙　　　　　香酥地瓜烙　　　萝卜丝烙　　　　茨实芋粒鼎

家乡马蹄烙　　　香酥金瓜烙　　　太极马蹄烙　　　金瓜烙

新鲜百合羹

三、地方特色小吃、点心类

1. 传统类

焩饭	炒薯粉条	炒菜脯饭	炒咸菜饭
鸭粥	鱼粥	炒羔粿	红、白桃粿
甜粿	发粿	朴枳粿	粽球
栀粿	粉粿	麦粿	水晶球
鼠壳粿	咸水粿	菜头粿	粿肉
糕粿	粿条卷	肠粉	猪肠胀糯米
笋饺	鸡笼饺	小米（烧卖）	卷煎
落汤钱	马蹄糕	菜头丸	八宝饭
粿汁	粿条汤	炒粿条	鸭母捻
清心丸绿豆爽	薯粉丸	酥饺	秋瓜烙
南瓜烙	春饼	油条	麻枣
猪脚圈	凤凰浮豆干	葱油饼	炸番薯片
炸芋片	草粿	白皮饼	糕烧白果
腐乳饼	豆腐花	油索（兰花根）	姜薯饼
甘筒粿（荷兰薯粿）	鲨粿	笋粿	反砂芋
蚝烙	膀饼	月糕	绿豆糕
芝麻糕	豆方（豆条）	龙湖炖糕	粿汁
潮州粥	芋粿	腐圆	糕仔
明糖	米润	甜粿	发粿
菜籽粿	乒乓粿（槟醅粿）	汤圆	糖葱薄饼
宝斗饼	束砂	鸟饼	萎花
豆贡	豆辑	尖米丸	薯粉豆干

梭罗包	葱油麻钱	烰豆干丸	落汤钱
砲台粿汁	埔田炒笋粿	棉湖泡饺	棉湖粿肉
棉湖卷章	棉湖槟醅粿	棉湖糕粿	湖小米粿
棉湖（薯）粉粿	榕城云吞饺	埔田原味笋丝	揭西粄
揭阳（米）粉粿	大洋苦笋煲	糕烧石牌红番薯	白煠鸭
反砂坡林芋	烰东园布仔豆干	鱼舌、鱼册、鱼术	烰豆干
潮州鱼生	清甜豆干	咸水粿	小油炸粿
潮汕泡鱼粥	鸡丝蚊伊面	笋丝炒水面	干烧伊府面
普宁豆干八味	银芽咸面线	肉丝炒鱼面	揭阳乒乓粿
炸玻璃酥角	潮州韭菜粿	潮州炸春卷	潮式萝卜糕
香煎甜麻钱	潮州炸油粿	五果姜薯桃	潮州粽子
春饼	鲜荷香饭		

2. 创新类

香芋煲仔饭	榄仁萝卜饭	荷兰薯焗饭	鸡粒菠萝饭
铁板炒糕粿			

3. 传统甜品类

香橙白果	炸来不及	凉冻五果	金钱酥柑
蜜浸枇杷	金瓜芋泥	糕烧芋蛋	莲子百合
冬瓜菠萝录	绿豆畔薯粉丸	八宝甜饭	反砂香芋
绉纱莲蓉	双杏蛤油	姜薯白果	满地黄金
金瓜银杏	金银双辉	太极芋泥	玻璃芋泥
糕烧什锦	白果芋泥	糕烧栗子	燕窝芋蓉

糕烧白果	甜栗子泥	糕烧姜薯	炸来不及
反砂潮州柑	八宝甜饭	反砂姜薯	姜薯鲤鱼
玻璃肉饭	炊姜薯酵	甜绉纱肉	八宝金瓜盅
金钱酥柑	川贝炖雪梨	金瓜银杏	炸高丽肉
凉蜜金瓜	杏仁豆腐	凉冻五果	炒甜面条
甜冬瓜泥	五果糯羹	蛋花豆馔	冬瓜菠萝羹
芝麻鱼脑	岕仁鱼鳃	清汤芋泥	生莲乌石
生莲瓜盅	冰糖鱼鳃	木瓜蛤油	芙蓉鱼脑
炖鱼翅骨	甜姜薯丸	木瓜翅骨	甜姜豆腐
炸姜薯卷	甜秋瓜烙	太极马蹄泥	冬瓜菠萝羹
甜冬瓜泥	甜粟子泥	反砂香芋	清甜莲子
香橙银杏盅	冰花雪蛤油	玻璃芋蓉	清心丸绿豆爽
莲藕酿糯米	银杏甜芋泥	反砂番薯芋	糕烧番薯芋
白果姜薯汤	糕烧金瓜	清甜五果汤	香橙绿豆爽
清甜"鸭母浇"	炸"来不及"		

4. 创新甜品类

淮山水晶丸	反砂银杏	双黄会脆	脆皮金瓜筒
脆炸芋泥	葱油麻钱	甜花生汤	香芒糯米饭
反砂甜豆腐			

名菜制作人：

纪瑞喜、陈少龙、李桂华、赵怀权

附录二

潮菜酱碟搭配的菜肴

酸

蒜泥醋：潮汕卤味、白灼五花肚肉、豉油皇鹅肠等。

南姜辣椒白醋：羊肉煲、白灼丁螺、五香牛肉等。

辣椒醋：腌虾、腌蟹、腌血蚶、一些生腌制品等。

白醋：加辣椒、蒜泥、南姜等就成为上述风味独特的蘸料。

梅羔酱：烧鹅、虾枣、果肉、港式炸大肠等。

陈醋：水饺、椒盐泥鳅等。

陈醋、芫荽：红烧鱼翅、红烧沙鱼皮、红炖海参等。

陈醋、味椒盐（淮盐）：炸乳鸽、炸子鸡、椒盐蛇碌等。

大红浙醋、芫荽：清炖翅等。

沙律酱（卡夫奇妙酱）：干煎鱼、香煎鱼等。

噲汁：炸春卷、焗裂袋鱼、干煎枪鱼、香煎多宝鱼等。

辛

芥末酱油：堂灼响螺、烧响螺、白灼墨鱼、白灼角螺等。

黄芥末：刺身龙虾、刺身象拔蚌、虾生等。

胡椒油：红烧墨斗、干炸肝花、干烧雁鹅、潮式炸大肠等。

三糁酱：白灼内螺、白灼血蚶等。

辣椒酱：盐焗猪手、火锅牛肉丸、韭菜粿、菜头粿、卷煎等。

辣椒酱油：鲎粿。

薄饼皮、葱花段、生菜叶、甜酱：片皮鸭、炒桂花翅、烤乳猪等。

甘

炼奶：炸或蒸馒头。

桔油：清蒸龙虾、龙虾饭、干炸果肉、脆皮大蚝、蟹枣类等。

甜酱：羔糕、干炸虾枣、炸凤尾虾等。

白糖：栀粿、咬啰钱、炒寿面、玉米烙、南瓜烙等。

苦

柠檬油：海河鲜类的炸品、非加酱油为调味品的干煎类海河鲜菜品。

咸

韭菜盐水：炸布仔豆干、炸普宁黄豆干。

普宁豆酱：白切鸡、潮汕各式鱼饭。

金华火腿丝、芹菜珠：红烧燕。

虾料：白灼虾、白灼虾蛄。

葱花油：白切鸡、盐焗鸡。

蟹料：冻红蟹、糯米炊蟹、炒三目蟹、白灼蟹等。

鱼露：各式咸烙、蚝仔烙、秋瓜烙、猪脚冻、肉皮冻等。

咸菜汁：烤虾。

虾酱：各种海螺、螺片，炒菜，例如虾酱炒通心菜。

菜脯油：咸水粿。

后记

小时候我就有一颗胡思乱想的心，觉得这世界很奇妙。遇到不懂的、不理解的，总是要打破砂锅问到底，有时问到大人"浪堵"（潮汕方言，指生气发火），甚至会挨骂。这种执着至今依然存在，也许是命中注定，改不了了……直到我高中毕业考进技校，真的与砂锅结下了缘，"中举"！我被安排到厨工班专修烹调两年，当时亲戚朋友都说"有好食、有好学、有钱赚"！天下第一好"生计"，"三年饥荒饿不死火头军"。这些吉言使我一根筋埋头抱住饮食行业，一下干了40年，已成为行业的老"媳妇"了。行业好似婆家，我是婆家的儿媳妇，对家里的来龙去脉样样了解。虽然只是都略懂一二而已，我也一直想有个机会也把心得写下来、传承给更多人。近年来潮菜厨师缺口甚大，人才供不应求。

　　本人创业40年为行业培养了不少的厨师和管理人才，又持着3个非物质文化遗产项目（汕头潮菜烹制技艺、汕头卤鹅制作技艺、鱼胶干制技艺）代表性传承人的称号。是成熟的时候了。恰在此时，遇到林伦伦老师任学术顾问、李闻海先生策划《中华料理·潮菜文化丛书》，我被委以主编的重任。丛书第一本《潮菜名厨》由我的师兄、汕头东海酒家钟成泉先生执笔，第二本《潮菜名菜》便是本人编著。《潮菜名菜》是本人对火、味的理解和总结，将传统潮菜尤其其中的工艺、用料、调味、投料逻辑等心得与朋友们分享，让喜欢潮菜的朋友们能更贴切认知潮菜，认识每一道传统菜的火、味根本，认识潮菜的清淡不是你认为的那种清淡。其实在潮菜的烹调方法中，可看见中国古烹调方法的印记。

　　我注意到，潮菜本来就名扬世界，加上近几年被《舌尖上的中国》炒得火，因陈晓卿导演打造的"美食孤岛"形象又更火了，再来一个"最好的中华料理"称号，潮菜成了一个"大网红"。因此目前全国各地都在请潮菜师傅，许多酒楼名店纷纷想在自己店里增加几个潮菜，这势必就需要三两位或一小帮潮菜师傅。从业人才有多少，技术有高有低，但大家所找的师傅肯定都想要好的。分析下来，第一批是商家找潮菜厨师；第二批是全国各地的大厨、小厨都要认识一下潮菜，也在找厨师；第三批是跟风要开潮菜的酒楼，也要找潮菜厨师。哪来那么多的厨师被你请？潮汕有一谚语："市上无鱼三哑贵。"可想而知，时间久了就产生不良后果了。其实找厨师就是要找潮菜，找潮菜就是要找食材、调料、半成品，收集潮菜信息。本书就专为以上问题提供指导和方案，给喜欢者赋能的，这便是我要做的。

但，这本书要如何落笔才有别于现有的潮菜书籍呢？最终我决定还是不管别人怎样写，就把自己心心念念的东西最朴实地写下来，看意义何在、有无借鉴价值——必须把这条线规划好才不会徒劳无功。本人最差劲的就是写字作文，我生怕有负伦伦老师、闻海先生、更生秘书长的信任和错爱，任丛书主编，当之有愧。我凭着骨力和专业挺着又挺着，一而再再而三，从点点滴滴凑合起来本书。尽管书中写得不尽如人意，但对于自己来说是人生路上一个A0版本，更是第二春天！更让我开悟的是，创业至此虽是赚点小钱，算是鸡毛蒜皮，尽管在业界排名不后，但只是顺景中一颗灿烂的星星罢了。最踏实的还是跟着感觉走，目标是成为前面的25%罢了。别折腾自己的目标，暂时的困难只当遇到市场经济泡汤了、遇到家庭有问题泡汤了……坚持守成天天进步，不必设置大目标。当目标遇到问题泡汤了，有首歌叫《跟着感觉走》，一步一个脚印……审视过往，值得珍惜的是人生不求大富大贵，只求幸福、平安、健康；又求一个做人踏实做事认真。做人踏实不要太认真、做事认真不要太踏实，谨此给业内人士点点借鉴。

本书在呈现70道潮菜菜品形成"一桌菜"的同时，再送给读者同仁几百道菜名的潮菜菜单，经日后共同研究结缘。初次学写书，难免挂一漏万，万望赐教。

本书出版之际，我要特别感谢陈平原、林伦伦、李闻海、杜更生先生的厚爱，感谢广东烹饪协会、潮菜专委会、汕头市烹饪协会的支持，感谢廖镇坑、陈奕杰、陈镜雄、蔡博涛、蔡肖文、李坚诚、许小莉、梁美纯等先生、女士的热心参谋、参与，感谢方平、陈宪章等提供的资料和精美照片，广东旅游出版社责任编辑之细致认真工作，谨致谢忱！

纪瑞喜

甲辰年夏于汕头建业酒家

国际美食家协会中华总会执行会长李闻海推荐语

潮菜美食，玉盘珍馐，源远流长，自成体系。有瑞喜名厨者，访师问道，钻研技艺，传承非遗，蔚成大观，撰编潮菜名菜金牌七十二道，业界同行如获至宝，实乃可喜可贺，拍手称赞之也。

甲辰砚峰山人

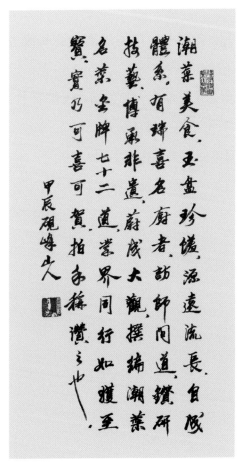

国际美食家协会中华总会执行会长李闻海题字

汕头市美食学会主席郑宇晖推荐

《潮菜名菜》是纪瑞喜大师第一次以文字的形式对火与味进行阐述和总结，将传统潮菜的工艺、用料、调味、投料原理向读者分享的重要文献。大象无形、大音希声、大味若淡，本书再次印证传统潮菜讲究之"清淡"，其实是讲究食材优先、食材至上，通过简法烹制，最大限度地还原食材本味中的美味。拥有本书所分享的潮菜烹调秘笈，君不难开启对中国古烹调方法的探求。

广东烹饪协会第七、八届理事会会长余立富推荐

汕头市烹饪协会会长纪瑞喜大师的新作《潮菜名菜》，用 72 道潮菜菜品形成"一桌菜"，每一道菜都从配方、工艺、烹法、佐料、特点、营养、心得等方面以朴实简单的方式表达，为业界提供了一本非常好的烹饪教材，很有实用价值，为潮菜的传承与发展做了一件大好事！